U0180653

数据领导力

IT团队技术管理数据分析与业务实战

杨冠军　刘　琳◎著

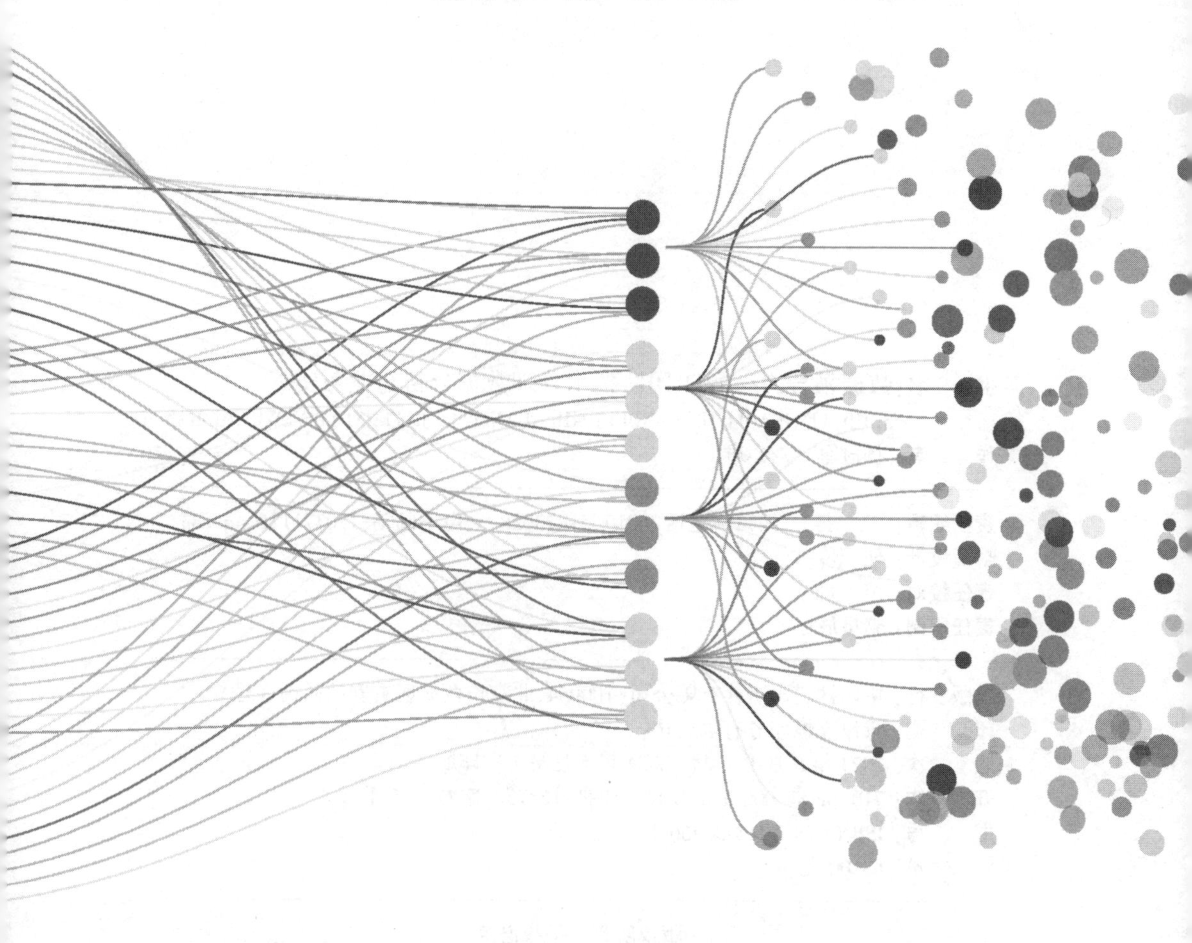

中国铁道出版社有限公司
CHINA RAILWAY PUBLISHING HOUSE CO., LTD.

图书在版编目(CIP)数据

数据领导力:IT团队技术管理数据分析与业务实战/杨冠军,刘琳著.—北京:中国铁道出版社有限公司,2024.5

ISBN 978-7-113-30966-4

Ⅰ.①数… Ⅱ.①杨… ②刘… Ⅲ.①数据管理 Ⅳ.①TP274

中国国家版本馆CIP数据核字(2024)第025720号

书　　名: 数据领导力——IT团队技术管理数据分析与业务实战

SHUJU LINGDAOLI:IT TUANDUI JISHU GUANLI SHUJU FENXI YU YEWU SHIZHAN

作　　者: 杨冠军　刘　琳

责任编辑: 王　宏　**编辑部电话:**(010)51873038　**电子邮箱:**17037112@qq.com

封面设计: 仙　境

责任校对: 苗　丹

责任印制: 赵星辰

出版发行: 中国铁道出版社有限公司(100054,北京市西城区右安门西街8号)

印　　刷: 天津嘉恒印务有限公司

版　　次: 2024年5月第1版　2024年5月第1次印刷

开　　本: 710 mm×1 000 mm 1/16　**印张:** 16.75　**字数:** 225千

书　　号: ISBN 978-7-113-30966-4

定　　价: 88.00元

序言

作为冠军新书的第一个读者,来谈一下我对这本书的感受。

这是一本数据赋能的技术书。在数字经济时代,数据要素是最核心的生产要素。团队日常工作中的数据也是数据要素的一种,是非常有价值的数据要素。如果能够把团队日常工作中的数据价值最大化,那将对提升团队的战斗力有非常大的帮助,甚至是决定企业成败的关键一环。本书的数字化团队管理知识紧跟数字经济时代,以技术团队日常工作中的数据为基础,构建个人胜任力、团队胜任力和技术价值模型,依此来对技术团队进行科学的管理,进而达到团队能力、技术水平、技术价值的不断进步,帮助企业实现一个又一个目标。

这是一本通俗易懂的故事书,有很好的可读性,书中通过26个管理小故事进行切入,代入感很强。将研发效能等数据指标,以及个人胜任力、团队胜任力和技术价值等管理模型融入技术团队的选、用、育、留中,并将数字化与日常的项目管理、团队管理结合起来,实现降本增效,很有新意。

这是一本逻辑清晰的管理书。本书中心思想明确,开篇即抽象出技术管理二维表,包括团队、技术和业务三个层面,并细分为个人、小组、基础、服务、创新、支撑业务、促进业务、驱动业务八个部分,整本书都是围绕这三个层面八个部分进行讲解。

第1章将数字化技术管理的定义、价值、范围、理论基础和数据指标等基础知识进行归纳总结,让读者对数字化技术管理有一个基础认知。

第2~4章将团队、技术和业务三个层面进行精雕细琢，让读者对数字化技术管理有一个由理论到方法的认知。

第5章将数字化技术管理各个方面进行融会贯通，通过个人胜任力、团队胜任力和技术价值这三个模型，让读者对数字化技术管理有一个由细节到全盘的认知。

第6章将数据思维、复盘思维、兵法思维、逻辑思维和利他思维融入技术管理工作中，让读者对数字化技术管理有一个由理论到实践的认知。

本书的切入点很小，但却很有价值。读这本书，我有一个深切的感受，很多事情都是积累而来的，持之以恒地把力气用在某一个点上，年复一年、日复一日，总会有所成绩。

上海数字产业发展有限公司总经理　聂　影

前言

这本书来自我的一个执念——我的梦想是成为一名作者，畅游在文字的海洋中，那“我一定要写书”的声音一直在我的脑海、耳边回响。

这一回响就是二十来年，当然这二十来年我也没闲着，一方面，在大学里，我学习数据，领略到数据的魅力；另一方面，在工作中，我从事技术管理，走了一些弯路，犯了一些错误，学了很多知识，试了很多方法，终于悟出一套基于数据的技术管理理论、方法和工具，并将之总结提炼成一篇篇文章。

机缘巧合，中国铁道出版社有限公司的编辑找到我，邀我出版数字化技术管理方面的书籍。经过三天三夜的深思熟虑，我欣然接受了。原因有二：一来，成为作者是我的执念；二来，数字化技术管理是特别有价值的知识，让数据从生产中来到生产中去亦是我的梦想。

结合我本人的喜好，本书编写上有以下两方面特点：

第一方面，我是一个程序员，擅长逻辑思维，所以我喜欢用二维表，通过逻辑思维来表达高大上的技术管理，使读者读起来更直观。

本书内容整体上分为基础篇、实践篇和升华篇三部分。

每一章的开头都有一张逻辑图，介绍本章的内容逻辑，以及本章在全书的位置和作用。

第二方面，我很讨厌故作高深的文章，所以我喜欢用质朴的语言，通过讲故事的方式来表达高大上的技术，以使读者读起来更轻松。

每一节的开头，都有半分钟小故事，阐述工作中遇到的技术管理问题。

每一节的内容,都以技术管理的问题切入,阐述解决方案,有理论、方法和工具。

每一章的结尾,有本章知识点的总结,带读者进行章节内容回顾。

本书共6章,可划分为三部分:

第1部分基础篇(第1章),这是开宗明义的一章,讲解数字化技术管理的5个概念,并通过5个故事,让你对数字化技术管理有一个整体的概括认知。本章高度概括出技术管理二维表,包括团队、技术和业务三个层面,并细分为8个部分。整本书都是围绕这三个层面8个部分进行讲解的。

第2部分实践篇(第2~4章),这部分内容是精雕细琢的三章,讲解数据赋能到团队、技术和业务三个层面的管理,并通过13个故事,让你对数字化技术管理有一个由整体到细节的认知。

第3部分升华篇(第5~6章)。第5章是融会贯通的一章,本章根据10个数据指标推导出个人胜任力、团队胜任力和技术价值这3个模型,并通过3个故事,让你对数字化技术管理有一个由细节到全盘的认知。第6章是躬身入局的一章,本章把数据、复盘、兵法、逻辑和利他等5种思维与技术管理结合在一起,并通过5个故事,让你对数字化技术管理有一个由理论到实践的认知。

这是一本包含18张二维表、10个数据指标、3个管理模型、5种管理思维的书,我把自己20年的工作经验,用心血凝成26个小故事,只为让读者明白数字化技术管理是怎么一回事。

本书是写给技术管理者、程序员的一本书。希望读者朋友通过阅读本书,能够轻松愉快地拥有数字化管理的意识,掌握数字化管理的方法,应用数字化管理的工具,从而打造一个技术能力、技术价值持续提升的团队,并且能够把自己的技术团队管理得更好。

杨冠军

目录

第1部分　基　础　篇

第2部分　实　践　篇

索引目录

第1部分　基　础　篇

第2部分　实　践　篇

第3部分 升 华 篇

第 1 部分

基础篇

第1章

五个方面讲述数字化技术管理的概念

这是《数据领导力:IT 团队技术管理数据分析与业务实战》的第 1 章,要做好数字化技术管理,你必须知道数字化技术管理是什么,从哪里来到哪里去,如何成长,以及技术管理是干什么的,怎么干。

本章聚焦数字化技术管理的概念层面,详细讲述关于技术管理的定义,必要性和目标,理论基础,价值、范围和生命周期,以及数据指标。读完本章,你会对技术管理的概念了如指掌,如果并没有,那麻烦你再读一遍,这次读慢一点。

1.1 逻辑——数字化技术管理的定义

什么是数字化技术管理?技术管理是技术负责人所提供的管理技术工作的一整套方法和工具集。技术管理的范围是团队、技术和业务;其作用是帮助技术负责人更好地完成工作职责,持续提升团队能力、技术能力和业务能力;对上让老板满意,对下让程序员满意,对中让业务部门满意,最终实现公司的目标。

数字化技术管理,是要把数据贯穿在技术管理的始终,通过数据来衡量团队和技术作为资产的价值,并利用技术管理手段使之持续升值,让技术告别只花钱不赚钱的日子。

半分钟小故事——技术管理是什么

“冠军，技术管理到底是什么？”

“老板，你这个问题有点小复杂，我来试着回答一下，所谓数字化技术管理就是将数据作为基础来对技术进行管理的一整套方法和工具。”

“冠军，你这叫哪门子回答，这和没说有什么区别？不带这么糊弄事儿的。我其实是想知道技术管理是干什么用的，谁需要用它，没它又会怎么样？”

“不是，你以为我不想通过三言两语把‘数字化技术管理’的定义说清楚么？我也经常被七大姑八大姨拷问好吗？但这事儿确实不是一句两句能说清楚的，你稍安勿躁，且听我慢慢道来吧。”

公司老板可能经常就技术管理这个问题向技术负责人提出挑战。老板对公司管理很熟悉，但涉及技术方面的问题是很费解的，老板对技术负责人提出挑战也是人之常情。

实际上，技术团队的管理本就需要技术负责人用一个简洁明了、逻辑清晰的定义来阐述，但坦白讲，技术管理所涉及角色和要素非常多且杂，的确是一个很难去下定义的概念。据不完全统计，仅仅是技术管理涉及角色就分为 3 个大类、9 个小类，基本上囊括了一家公司的所有人，上至投资人、董事会、公司 CEO（首席执行官）等老板层，下至前后端、大数据、测试运维等执行层，中间还有市场、运营、产品等部门。而技术涉及管理要素层面又分为 3 个大类、11 个小类，有 IaaS（基础设施即服务）层的服务器、网络、存储等硬件类；有 PaaS（平台即服务）层的文件存储、消息、配置、调度等技术平台类；有 SaaS（软件即服务）层的电脑端应用和移动端应用等，如图 1-1 所示。当然还包括数以万计的代码，每一行都是需要管理的内容。

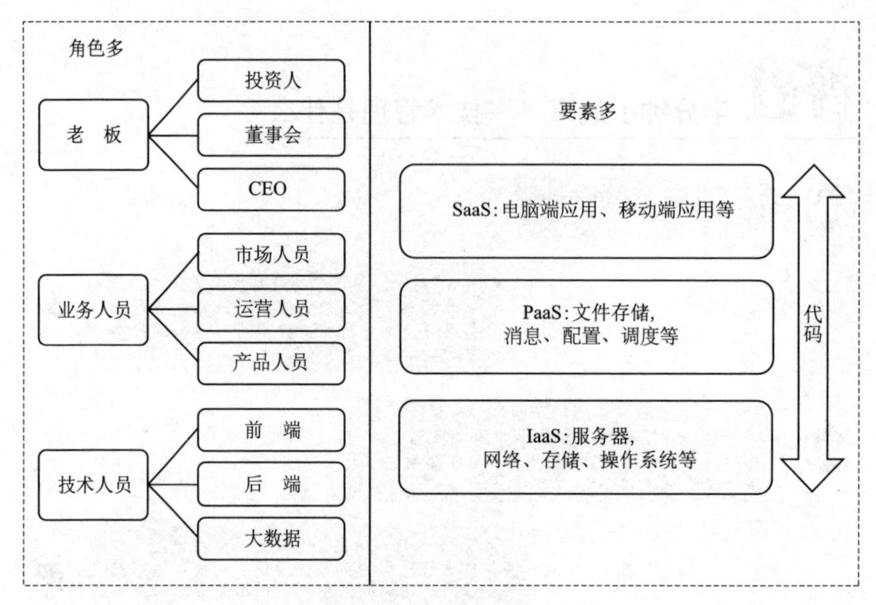

图 1-1 技术管理的角色和要素

对于一个这么复杂的技术管理,要给出一个简洁明了的定义,绝非易事,并且还要逻辑清晰,那更是难上加难。但是尽管如此,我还是在保证其严谨性的前提下,采取“跳出三界外”的思考方式,给出了它的定义。

其过程可以分为两步:第一,把定义的推导逻辑理清楚;第二,把定义总结提炼出来。

1.1.1 逻辑推导

周末一早起来,我闲来无事要给小朋友理发,小朋友说:“不要给我理寸头,我这么帅,需要一个更帅气的发型。”于是乎,我搜寻了几个发型方案供其选择,达成共识后开始动手,依托于我的理发技艺,经过一番操作,终于交付了令小朋友满意的发型作品,发到群里也得到了无数的点赞,结果是我们俩都很满意。

事情很简单,但它触动了我敏感的逻辑思维(程序员惯性)。经过一番深思熟虑后,我得出一个“惊人”的结论:这故事就是典型的 3W 逻辑。于是,推理就此展开。

谁理发？谁提供理发服务？——Who？——小朋友，冠军。

为什么需要理发？——Why？——周末，闲着没事。

理成什么样？——What？——不要寸头，要更帅气的。

理发这件事通过3W逻辑就完美诠释了。有人觉得这个故事和技术管理毫无关系，不过实际上，它与技术管理是相通的。

下面我把技术管理和3W逻辑做个对比，如图1-2所示。

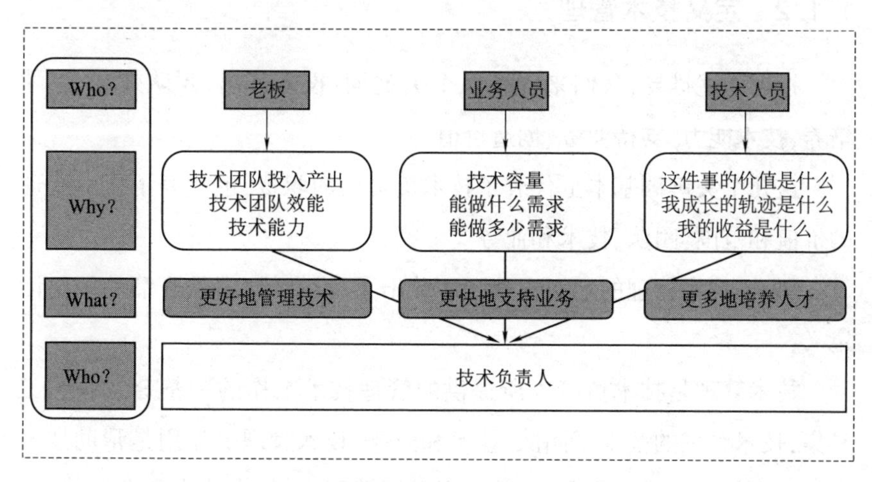

图1-2 技术管理的3W逻辑

谁需要技术管理？谁提供技术管理服务？——Who？

为什么需要技术管理？——Why？

需要技术管理做什么？——What？

很显然技术管理的真相只有一个。

(1)谁需要技术管理？

显而易见，老板、业务、程序员需要技术管理。谁提供技术管理服务？技术负责人提供。

(2)为什么需要技术管理？

①老板不清楚技术投入产出，不清楚技术团队效能，不清楚技术强弱。

②业务不清楚技术团队能做什么事，能做多少事。

③程序员不清楚自己的方向和收益。

技术负责人想回答这些问题,让老板、业务和程序员都满意。

(3)需要技术管理做什么?

①更多地培养团队,更好地管理技术,更有效地提高技术能力,更快地支持业务,更多地创造价值。

②帮助技术负责人更好地完成工作职责。

1.1.2 定义技术管理

根据上述推导,我们来提炼几个关键词:投入产出、团队效能、人才培养、技术能力、支持业务、创造价值。

这几个关键词基本上代表了技术负责人的职责,也代表了技术管理的价值和范围:团队、技术和业务。

那么,技术管理的定义也就呼之欲出了,没有错,就是开篇的一句话定义:

技术管理是技术负责人所提供的管理技术工作的一整套方法和工具集;技术管理的范围是团队、技术和业务;技术管理的作用是帮助技术负责人更好地完成工作职责,持续提升团队能力、技术能力和业务能力,对上让老板满意,对下让程序员满意,对中让业务部门满意,最终实现公司的目标。

细心的同学可能会说:"这个定义的确很清晰地诠释了技术管理的提供者、范围和价值,看得出是真的经过了深度思考的,但是坦白讲,总感觉还差点内容。"

没错,很显然,本书的核心是数字化,没有数字化的技术管理定义只完成了一半。

技术管理的定义已经很清晰了,那接下来讲解另一半——数字化技术管理的逻辑,如图 1-3 所示。

1. 技术管理的基础是数据

没有数据谈其他都是空中楼阁,数据均来自技术团队的日常工作,如可以利用 JIRA(项目与事务跟踪工具)、TAPD(腾讯敏捷协作平台)等

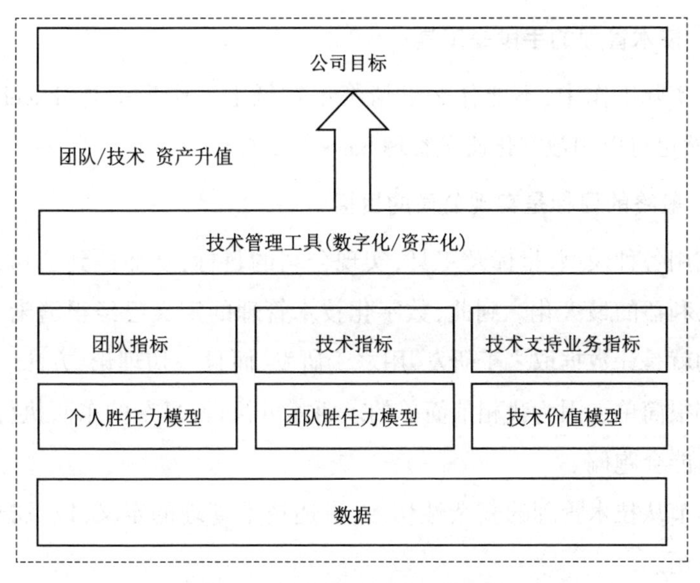

图 1-3 数字化技术管理的逻辑

工具或其他一切记录程序员工作情况的工具,来收集数据。

关于数据,这里着重强调两点:

(1)要把数据贯穿到技术管理的各个环节(团队、技术和业务),实打实地用全面准确的数据指标来管理技术,实打实地做到技术价值可描述可衡量,技术团队可描述可衡量。

(2)把数据贯穿到技术管理各个生命周期(现状、目标和过程),让技术管理各个环节的数据动起来,通过数据和模型持续不断地演进(收集、分析、优化、校正等),让技术管理更加得心应手,让团队持续进步,让技术持续加强,让技术资产持续升值。如果能够实现这两点,那么对于技术管理而言,真的可以说一句:技术终于不是只花钱不赚钱了。

2. 技术管理的核心是各种模型和数据指标

技术管理涉及的模型有个人胜任力模型、团队胜任力模型、技术价值模型,它们是全面准确衡量技术工作的高阶版。涉及的数据指标有团队指标(人效)、技术指标(稳定性、性能、技术资产个数)和技术支持业务指标(质量、效率),它们是各种模型简化后的基础版,是为了更好地理解和落地。

3. 技术管理的手段是工具

在实际工作中,不能什么事情都记在纸上。作为工具,Excel 就很好,当然也可以用数字化研发管理 SaaS 等工具。

4. 最终的目标是实现公司的目标

利用各种模型、指标及工具,实现公司的目标,从而达到公司、团队和个人利益的最大化。到此,数字化技术管理的定义已经很清晰了,它要做的就是让数据取之于研发、用之于研发,而且一切理论、方法、工具、目标都很简单。因为我相信简单的东西才可执行,复杂的东西执行起来很有可能会跑偏。

本节从技术管理的复杂性切入,讲述技术管理的定义,以及技术管理的作用。

读完本节,你就可以轻松且愉快地向老板解释啥是数字化技术管理了。那这么高大上的数字化技术管理到底是从哪里来的? 又要到哪里去呢? 这些问题的答案需要你自己寻找,请继续往下读吧,就在下一节,我们不见不散。

1.2 三阶段模型——数字化技术管理的必要性和目标

数字化技术管理到底从哪里来到哪里去? 其实,它是在互联网科技行业发展到大规模工程化阶段的必然产物,是数字化转型的一部分;是在老板、程序员、技术管理者都对其迫切需要的情况下应运而生的。通过数字化技术管理技术团队和技术本身最终会真正成为公司的资产,并持续不断地进行资产升值,从而实现公司的目标,让技术告别顾头不顾尾的日子。

整体上看,数字化技术管理的出现就是天时、地利、人和三者皆具备而必然产生的一件事。

半分钟小故事——为什么需要技术管理

“冠军，我现在的技术管理是有一定章法的，说好吧也不好，说不好吧也还凑合用，似乎总是停留在六十分。我隐约感觉技术管理的水平和我公司的技术水平没有匹配起来，有没有什么好方法能让技术管理提升到一个很高的水准？”

“老板，其实你也感受得到，现在的技术管理不是很到位。我这里的确有很好的方法，那就是把数据赋能到技术团队管理中。坦白讲，在当下它真的是天时、地利、人和都具备的一件事儿，具体是怎么天时地利人和的，且听我慢慢道来。”

IT团队的技术管理是在合适的情景、合适的地点、合适的时间出现的，是天时、地利、人和的结果。

古往今来，某个事物的出现和发展一定需要天时、地利、人和。互联网的大规模发展是因为个人电脑的普及；移动互联网的大规模发展是因为智能手机的普及；云计算的大规模发展是伴随芯片、存储、机器、网络等硬件的普及；大数据的大规模发展是伴随计算、存储等资源的普及；人工智能的大规模发展是伴随计算力、数据、算法的普及。

那么技术管理呢？当然也不会例外，它也有天时、地利、人和的地方。

1.2.1 天时

在此请看一下图1-4所示的时间轴。一边是从1981年DOS出现到1985年Windows问世，到1995年Java作为一代编程语言的生成，再到2006年Java开源以及2010年至今的Java大规模发展，可以说经过40年的发展，计算机技术已经进入了壮年期。

另一边是互联网科技的发展依赖于计算机技术的发展，经历了互联网1.0时代（门户时代）、互联网2.0时代（社交时代）、互联网3.0时代（移动时代）、互联网4.0时代（万物互联时代）。

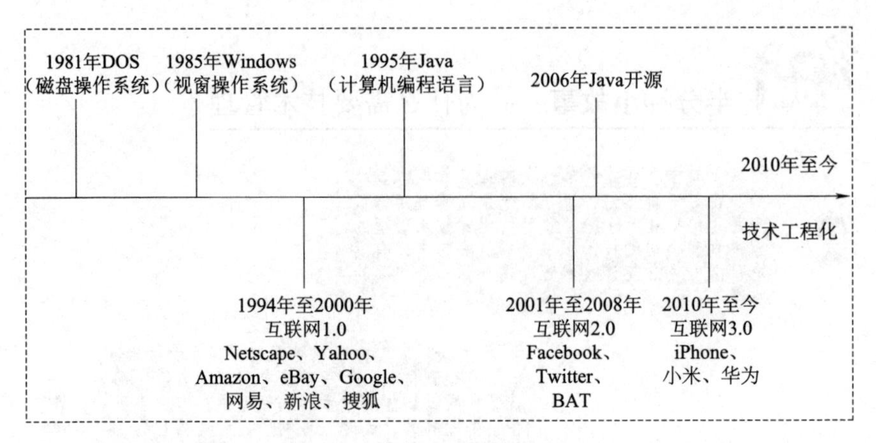

图 1-4　技术管理的天时

1994 年至 2000 年的互联网 1.0 时代，国外已经出现了 Netscape（网景）、Yahoo（雅虎）、Amazon（亚马逊）、eBay（易贝）、Google（谷歌）等横跨时代的巨头企业，中国此时出现了网易、新浪、搜狐等门户网站。

2001 年至 2008 年的互联网 2.0 时代，国外出现了社交互联网巨头 Facebook（脸书）、Twitter（推特），国内也慢慢赶上来了，BAT（中国互联网公司三巨头，百度公司、阿里巴巴集团、腾讯公司）确立了霸主位置。

2010 年至今的互联网 3.0 时代，国外出现了 iPhone（苹果）这个标志性的手机产品，国内也跟上出现了小米、华为等高质量的智能手机。

互联网科技 30 年的发展，使互联网的基础、技术和行业都已经进入成熟期，编程这个行业也随之一步一步进入了大规模工程化时代、数字化时代、智能化时代，这就对技术管理本身提出了更高的要求。那到底技术管理该往哪个方向走才能够匹配现如今的互联网科技发展呢？这个事儿还得从长计议，先来看看技术管理的各阶段模型吧，具体见表 1-1。

表 1-1　技术管理阶段模型

各阶段	研发管理阶段	关键词	特　　点
钻石	数字化/智能化	数据治	公平公正、诠释价值、提升资本
黄金	信息化	工具治	信息孤岛、数据静态
白银	制度化	制度治	可复制性差、评价方面
青铜	主观化	人治	主观、乱弹琴

技术管理分为四个阶段：青铜、白银、黄金、钻石。

1. 青铜阶段

技术管理的青铜阶段：可称之为主观化阶段，主要的特点就是人治，管理者指哪打哪，一通乱打。管理毫无章法，运气好能命中仨瓜俩枣，运气差那就是一无所获；评价全凭个人喜好，组织完全没有办法长期发展。

2. 白银阶段

技术管理的白银阶段：可称之为制度化阶段，主要特点是制度治。管理者依据自己的管理方法制定几个制度，从上至下推行。管理有一定的章法，能做那么一丢丢事情；评价有一些标准，但效能较差，可复制性较差，一来执行过程经常变味，二来评价比较片面。

青铜和白银阶段，管理者就像是监工，他们超级没有安全感，恨不得所有人都 7×24 小时围着他转。那员工也是上有政策下有对策，磨洋工、开小差、混日子等现象层出不穷。为啥呢？因为管理者压根儿不知道用什么指标来衡量团队干得好不好，所以最简单粗暴的方法就是，把员工钉在工位上“干活”。而员工就会想反正管理者要用打卡时间来进行考核，那就熬呗，优哉游哉地干，就这样。

这就是一个双输的局面。管理者对员工的工作没有明确的衡量指标和评价标准，管理者对员工缺乏信任，这种情况下管理者每天监工已经筋疲力尽了，很难有多余的精力再思考诗和远方的事儿，团队很难有成就感和凝聚力。员工对公司的前途心存怀疑，员工对管理者的管理方式心存厌恶，他们总感觉有双眼盯着自己，很难发挥自己的潜在能力，团队很难有战斗力和执行力。

这种情况下，跨地域团队管理、居家办公，你想都不要想，就是有再高科技的办公设施，员工也都必须老老实实地待在公司里，踏踏实实地坐在工位上。

3. 黄金阶段

技术管理的黄金阶段：可称之为信息化阶段，主要特点是工具治。

管理者引入一些辅助管理的工具，把人治和制度治的事儿付诸于工具，执行成本不高，执行效果也不错。管理较有章法，有一些做事的方法论，同一工种有全面的评价标准，可以保证效能，整体有据可查，不过弊端也有，一来不同职级不同工种很难进行横向对比；二来数据多半是结果数据，过程中很难校准以及纠偏；三来数据多半是静态数据，没有办法通过持续不断的更新分析出更多价值。

4. 钻石阶段

技术管理的钻石阶段：可称之为数字化阶段，主要特点是数据治。管理者把过程中的数据和结果数据全部收集起来，通过数据平台进行存储、计算、分析、预测，将过程管理和结果管理匹配起来，能够做到公平公正全面准确衡量工作产出和工作价值。管理很有章法，有一整套完整的做事方法论，并且可以多工种复制，充分发挥各工种的效能。

黄金和钻石阶段，管理者就真是管理者，可以把绝大部分精力放在思考战略把控方向上，超级有安全感，每一天、每一周、每一月都有很明确的指标和标准，只要员工按照指标交付结果就会很好。而员工就会卯足了劲头去尽快拿到每天、每周、每月的结果，拿到后就可以高枕无忧了。

这就是一个双赢的局面。管理者只要每年、每季度把公司指标、团队指标定清楚，之后就是每月、每周审核执行结果，在过程中不断纠偏就够了。由于一切尽在掌握中，管理者对待员工自然也会如春风般温暖。员工也非常清楚公司的未来，非常清楚公司在什么时间会达到什么位置，这样他们也更清楚自己会在什么时间达到什么位置拿到什么收益，干啥事儿都是目标明确，自然会全力以赴，看管理者也如同良师益友。

这种情况下，跨地域、居家，这些都不是事儿，只要按指标按时交付结果，屏幕对面的你即便是网友的邻居的二大爷养的一条小鱼都无所谓。

小结一下，在技术管理这一层面，数字化技术管理就是最优解决方案，诸如数字化技术管理、精细化技术管理等概念也被各个互联网科技公司不断地提及和尝试，这些也侧面印证了这一点。但有趣的是，当下技术管理大多还停留在人治、制度治或者工具治的阶段，执行复杂、评价片面、信息孤岛、数据静态等现象更是层出不穷，造成技术管理淹没在细节中而无暇顾及全局。

整体上看，无论人治还是制度治或者工具治都是很难有效落地的，也都很难公平公正地评判技术，更加不可能把技术价值诠释清楚，也绝对不可能使技术价值持续提升。

更为矛盾的点是科技本身已经进入高大上的数字化/智能化时代，而对技术的管理反而只是停留在低阶的制度化或工具化时代，这真的有点不可思议了。

总之，技术管理的水平与科技发展的水平存在比较大的差距，这不应该是技术管理应有的水准，是没有办法被接受的。技术管理水平跟不上，会影响整个科技行业发展，也会影响各家科技公司的发展。技术管理应该也必须被带入数字化、智能化，这是大势所趋。

1.2.2 地利

借着互联网科技这股东风，数字化转型已经成为各个公司不得不去做的事情，某种程度上不做数字化转型就意味着输掉了未来。

所谓数字化转型就是数字化决策+数字化经营+数字化运营+数字化管理，其中数字化管理是数字化转型的基础，而数字化技术管理是数字化管理中最核心的部分。从投入产出的角度来看，在任何一家科技公司，其技术团队都是一个投入最多、老板最在意的成本团队；技术团队又是一个产出最不明确，老板最不懂的团队。把技术团队管好，就解决了公司很大一部分的管理了。

1. 投入最多

原因有二：第一个原因是人数最多，50%以上员工都是程序员的公司比比皆是，而科技类公司程序员的占比更多，会达到70%以上，当然，某种程度上，这也彰显了程序员都是高手、高招、高科技。第二个原因，工资最高，你去看看各种收入排行榜，程序员都普遍排在前列。

2. 产出最不明确

只要不是技术出身的老板，基本都不懂技术团队，其实不只是老板，老板身边的人、财、业、法"四大护法"也不一定懂，大家都只是隐约知道程序员是"修电脑的"，玩高科技的，工资还挺高。业务向上走，收入向上走时，大家会觉得程序员很有价值，科技就是第一生产力。反之，业务方会说程序员不给力，提供的产品和技术的质量不合格，所以卖不出价钱，那大家则会觉得技术团队也就那么回事，成本高、价值低，还不听话。

易地而处，如果你是老板，你慌不慌？不管你慌不慌，反正我是很慌。老板自己不懂，又有无数的耳边风在吹，不慌都不行。所以说老板急需一组数据指标，清晰明了地缓解他的所有焦虑。

而你作为技术管理者，是缓解他焦虑的不二人选，这也正是你的岗位职责啊，但是这个事对于技术管理者而言，也是非常困难的。任凭你再巧舌如簧，如果不拿出实打实的数据来，也会显得非常苍白无力。

那你肯定想拿出数据指标，并且想把这些数据指标简洁明了地讲给老板听，让老板认同，但你又不得不面临图 1-5 所示的一大堆难题，不解决这些难题，你面对老板时，大概只有一句话了，"臣妾做不到啊"。

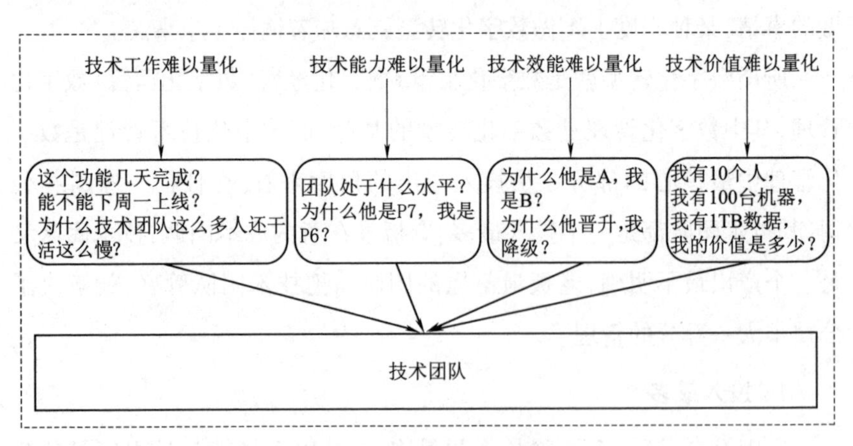

图 1-5　技术管理的难题

（1）技术工作难以量化。你只知道技术团队有多少人，但是你没有办法知道这些人到底能干多少活。

（2）技术能力难以量化。同样你只知道技术团队有多少人，但是你不知道谁优、谁良、谁中、谁差，你更加不知道你的团队在业界是什么水平。

(3)技术效能难以量化。你依然只知道技术团队有多少人，但是你不知道谁投入度高、谁效率高、谁在磨洋工、谁在混日子，更加不知道瓶颈在哪里，该如何提升。

(4)技术价值难以量化。你不仅知道技术团队有多少人，你还知道有多少机器、多少代码、多少数据，你甚至会知道有多少组件、多少平台，但是你不知道该如何从价值的角度去诠释它们，也不知道该如何从经营的高度去衡量它们。

上述这些难题，说明白了就是要把研发效能给度量出来，让研发工作做到可描述、可衡量、可分析、可改进、可预测，这其实就是本书要讲的，你如果不同意，那我也没有办法，我肯定叫不醒一个装睡的人。

1.2.3 人和

一方面，能够把技术团队管明白的技术管理者非常少。原因很简单，技术管理者都是技术专业人才成长起来的，不具备系统化的管理能力和经验，大家都是摸着石头过河，说白了就是不会管，这种情况下，技术管理者顶多算是个监工，安排工作，盯盯进度而已。

另一方面，能够把业务团队支持好的技术管理者更加是少之又少。技术管理者大多是业务的跟随者，说得好听点是任劳任怨，说得不好听点就是无所作为。技术管理者每天除了响应业务需求之外，基本上没啥多余时间，至于技术赋能业务、技术驱动业务这么高深的事儿和这种选手更是没啥关系，这种情况下，技术管理者顶多算是个苦劳者，没啥功劳。

再一方面，能够把老板服务好的技术管理者更加是稀有物种。技术管理者大多是被老板的灵魂拷问整得压力山大的选手，根本无法有理有据地展示技术团队的效能、研发工作的价值等量化指标，这种情况下，不要说满足日益增长的数字化技术管理需求了，就是基本的“生存环境”都已经无法保证了。

当然，技术管理者都是高智商的选手，他们也意识到了上述三个方面的问题,但没有优秀的技术管理书籍,能够给到技术管理者靠谱的答案,这就很尴尬了。当下的技术管理书籍是这样的,要么是太过注重团队管理,以行为为导向,全局性欠缺;要么是太过注重项目管理,以执行为导向,系统性欠缺。前者的出发点是团队,通过方法和工具进行技术团队的管控;后者的出发点是项目,通过方法和工具进行技术项目的管控。实际上,团队管理是技术管理的一部分,项目管理是技术管理的一种执行方式,两者都不能够完全诠释技术管理。

那,有鉴于此呢,本书就应运而生了,它通过清晰和简洁的数据指标,为管理者提供决策支持,解决向上汇报难、平级沟通难、向下管理难等问题,是你"居家旅行的必备良药"。

坦白讲,技术管理也是经历了一番寒彻骨的,技术管理在"刚出生时"是一个无忧无虑的"小朋友",但是在全局视角及结果导向下的驱使下,它还是使出吃奶的力气捋顺了技术管理的范围、生命周期,无奈技术管理"小朋友"不会爬也不会走,更不会跑,必须借助数字化,才得以拼命进化成为能够动起来的"可人儿",然后通过全面分析和计算技术管理所涉及的数据,自然而然地持续提升团队、技术和技术支持业务的能力,以及持续提升技术和团队资产,最终取得公司、团队、技术三赢的结果,这样它才成长为老板、技术管理者和程序员的福音。

那这个福音还是得有人把它孕育出来,对么?而这个重担非常巧合地落在了我身上,为什么呢?三方面原因,如图 1-6 所示。

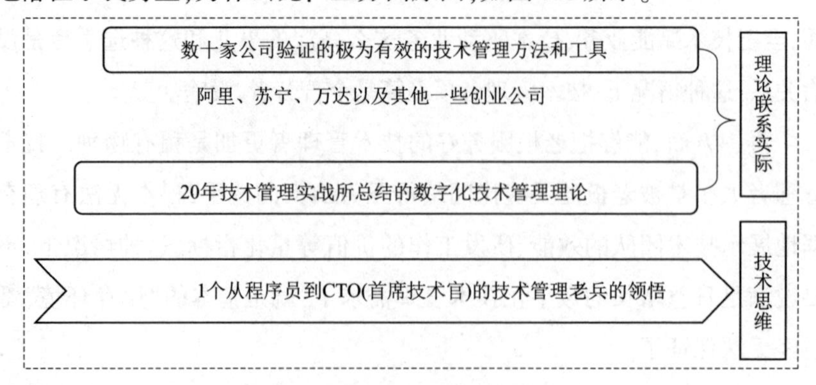

图 1-6　数字化技术管理的亮点

一方面，我大学读的是数据库专业，对数据有较深的感情和清晰的认知，我的愿望就是把数据扎扎实实地用在生产中，去辅助生产，去促进生产，去驱动生产。

另一方面，我有二十年的技术管理实战，跌跌撞撞地从一名科班出身的程序员拼搏到CTO（首席技术官），我知道老板、技术管理者和程序员的痛点。

再一方面，为了解决这些痛点，我走了一些弯路，犯了一些错误，学了很多知识，试了很多方法，终于提炼了一套极为精炼的数字化技术管理理论、方法和工具，而且它经过了很多的实践检验，都取得了极好的效果。

坦白讲，为了帮助技术管理者（CTO、技术负责人、技术总监、技术经理）和程序员获得技术管理的终极意义，也为了帮助老板使其技术投资回报最大化，更为了帮助公司把小日子在精打细算中过起来，当然也为了桃李满天下的梦想，我是花了二十年的时间，经过了精雕细刻、字斟句酌、千锤百炼，才终于能够把晦涩难懂的技术管理编著成书。写作不易，且行且珍惜吧。

所以，整体而言，这本书称得上理论与实际并重，希望能够让你领略数据在技术管理中的别样风情，体会技术和团队作为资产的魅力所在。

本节从数字化技术管理的天时、地利、人和切入，通过技术管理阶段模型，来阐述数字化技术管理的必要性。科技公司需要数字化技术管理来提升管理水平，老板需要数字化技术管理来看清楚技术团队的价值，技术管理者需要数字化技术管理来管明白技术团队。

读完本节，你就可以理直气壮地告诉老板，赶紧进行数字化技术管理，否则就要被时代所抛弃啦。那接下来你肯定想知道这么拉风的数字化技术管理到底是怎么成长起来的吧？就在下一节，我们不见不散。

1.3 两理论——数字化技术管理的理论基础

数字化技术管理是如何成长的？顾名思义，技术管理是针对技术的管理，它更多的是一门科学。技术管理的理论基础是数学，在数学逻辑的基础上“生长”出技术管理的两个基础理论：输入输出计算理论和现状目标过程理论；再在这两个基础理论上推导出技术管理的数据指标，并不断地用数据食粮喂养技术管理，使其最终成长为一个科学的理论体系，让技术告别“依靠主观臆测决策”的日子。

半分钟小故事——技术管理是怎么来的

“冠军，大部分的团队管理都需要更多的沟通技巧，更多的讲话艺术，但是一旦涉及技术团队的管理，我发现这些技巧、艺术都不太管用，这可如何是好？有什么好方法能让技术管理轻松且愉快，并让之更加规范化、体系化么？”

“老板，其实技术管理也需要沟通技巧，只不过它的沟通技巧是摆事实讲道理，更多强调其科学性，这与程序员本身的特点相关性很大，程序员都是理性思维，1是1，0是0，很少有中间状态。总结下来就是要更多地用客观的数字来进行技术管理，并通过数学的哺育和数据的喂养，使团队成长，使团队的理论基础形成体系，为公司目标的实现发挥作用。”

数字化技术管理到底是如何发展的？关于这点其实就三步：第一，要搞清楚数字化技术管理的本源；第二，要搞清楚数字化技术管理的理论基础，把数学与技术管理之间的关系捋顺；第三，要搞清楚数字化技术管理的数据指标。具体来讲，数字化技术管理的发展主要有以下内容。

1.3.1 数字化技术管理的本源

诚然，管理是个艺术活，但技术是实打实的科学，那么技术管理的核心又是针对技术进行全方位、立体式的管理，技术管理也应该是一门科学，而数字化技术管理又让技术管理在科学的基础上更加科学。

技术管理的核心是技术团队，技术团队不必多说了，是一大帮理工男，他们只顾低头编码，不懂抬头讲话，要想和他们顺畅地沟通，你必须站在科学的、客观的、理性的 0 或 1 的角度上。可见，技术管理最好是从科学的角度切入，只有这样才能够进行下去，否则只能举步维艰。

1.3.2 数字化技术管理的理论基础

数学与技术管理之间有什么联系呢？一说到数学，很多人就想起几十年前的座右铭“学好数理化，走遍天下都不怕”，数学甚至可以说是我们十年寒窗苦读所学到的最有用的学科之一了。在工作和生活中，无论是写代码、算数、算账，甚至思考人生，都需要数学。不得不说，数学的确是非常有用的存在。而技术管理中两个非常重要的理论——“输入输出计算理论和现状目标过程理论”就是在数学的基础上“生长”出来的，如图 1-7 所示。

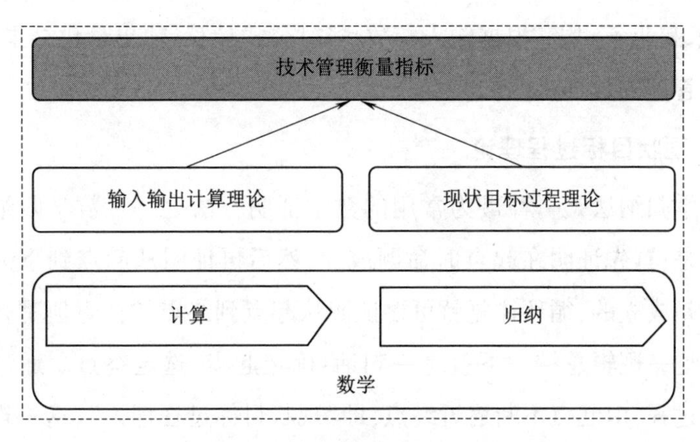

图 1-7　技术管理的理论基础

1. 输入输出计算理论

数学的核心是计算，而计算的基本逻辑是通过已知、未知条件，根据公式，运用计算得到结果，把这一逻辑总结一下即为“输入输出计算理

论”,这一理论就是数字化技术管理的第一个基础理论,即数字化技术管理中所讲的一切动作都有一个标准步骤:

(1)输入参数;

(2)经过复杂或简单的计算;

(3)得到输出结果,这个结果就是衡量技术管理的数据指标。

这看上去依然有点抽象,在此我用一个输入输出计算理论在技术管理中使用的典型场景解释一下:对技术管理而言,无论是程序员还是技术本身,都是一种简单纯粹的存在,要想管理他们,必须找到一个标准去量化他们。无疑,最简单有效的标准就是拿程序员最喜欢的东西去评判,即数字标准(数学公式),因为程序员接触最多的就是数字。要把数字标准做到公平、公正,除了合理的计算公式之外,还需要充足的输入条件,最好是全方位无死角的输入条件,只有如此才是经得起推敲的。程序员是逻辑感非常强大的一群人,但凡技术管理的输入条件或公式有那么一点点不合理,都会被揪出来拷打的。

在这里强调一点:在数学的基础上“生长”出的输入输出计算理论将贯穿本书的始终,它是技术管理的基础理论;技术管理的所有模块(团队、技术和业务)均需根据输入参数,经过公式计算,输出量化结果,即输出技术管理的数据指标。

2. 现状目标过程理论

数学归纳法是一种最为常用的数学证明方法之一。数学归纳法的逻辑就是,首先证明在起点时命题成立,然后再证明从起点到下一个值的过程是成立的,循环往复就可以证明从起点到终点的任意值都是成立的。把这一逻辑总结一下就是一句话:确定起点,选定终点。通过一个个中间过程,由起点不断逼近终点,即“现状目标过程理论”,这一理论就是数字化技术管理的第二个基础理论,即任何的管理都是对现状、目标和过程的管理,技术管理也不会例外。技术管理的范围是团队、技术和业务;生命周期就是现状、目标和过程。毫不夸张地讲,在任何时间、任何阶段加入任何公司,从技术管理的角度,唯一的做法就是:

(1)摸清楚团队、技术和业务的现状;

(2)根据现状制定合理的目标;

(3)制定匹配的演进路线,一步一个脚印地由现状达到目标。

1.3.3 数字化技术管理的指标

接下来就是讲解数据和技术管理会产生怎样的火花。显而易见,上述两个基础理论是技术管理的方法论描述,在方法论基础上还要“生长”出技术管理的数据指标来,否则是没有办法落地实施的,这些数据指标即是技术管理的核心所在。坦白讲,关于数据指标,每个人都能总结出一些经验,但大多是点状分布的,准确性、全面性很成问题,可操作性大打折扣。鉴于此,经过20多年的技术管理实战,我倾力总结提炼了面状技术管理数据指标,它把技术管理的各个数据指标系统性地串起来,准确全面地表征出团队和技术的资产价值,如图1-8所示。

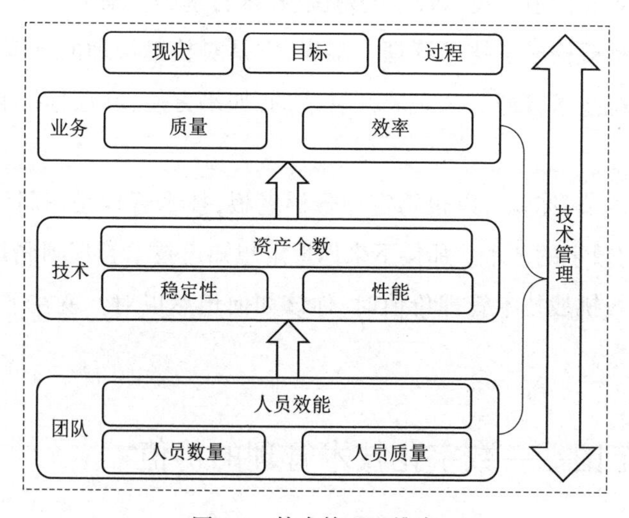

图1-8 技术管理二维表

1. 团队的数据指标

团队的数据指标是指人员数量、人员质量(包括研发容量、研发能力)和人员效能(包括研发投入率、研发人效)。

2. 技术的数据指标

技术本身的数据指标是指稳定性、性能(包括技术工具、技术平台、技术服务)和资产个数(包括机器、代码、数据、模型、文档、文章、开源、软著、专利)。

3. 业务的数据指标

业务的数据指标是指技术支持业务的质量(包括线上漏洞的数量、修复漏洞时长)和效率(包括接收需求数、完成需求数、延迟需求数、完成需求时长、延迟需求时长)。

本节从数字化技术管理的本源切入,阐述技术管理与数据的关系,以及技术管理的数字指标。

技术管理的数据指标是对技术管理的各个环节以及技术管理的各个生命周期进行衡量的标准,必须是一个系统化的面状体系。依据面状指标进行的技术管理才是科学的、有主线的、有灵魂的,总之肯定比主观臆测决策更有价值。技术管理的范围、技术管理的生命周期和技术管理的衡量指标就构成了技术管理二维表,它是对技术管理的高度概括,本书也是围绕技术管理二维表展开讲述的,如果方便,麻烦你把它印在脑海里。

读完本节,你就可以很笃定地告诉老板,技术管理是一门计算的科学,是一门数字的艺术。那接下来你肯定想知道技术管理到底是干什么的吧?老板挑战技术管理价值时,你该如何坦然以对?就在下一节,我们不见不散。

1.4 范围——数字化技术管理的价值

数字化技术管理是干什么的?技术管理是在团队、技术和业务层面都可以产生巨大价值的一种存在。利用数字化技术管理可以让技术达到“战略看得清,执行抓得透,队伍管得好,组织控得牢,价值升得快”的状态,让你告别毫无价值的日子。

半分钟小故事——技术管理是干什么的

“冠军，技术管理到底该包括哪些内容？从我的角度，我希望技术把业务支持好，技术水平持续提升，技术能够独立地展现价值来支持和促进公司的发展，不过我的要求貌似让技术团队很分裂。你有什么好办法么？”

“老板，这些其实都是技术的职责和价值所在。是的，技术管理的确要比一般的管理复杂得多。技术管理者就应该把团队、技术和业务的方方面面都管理好，并根据公司的业务战略制定和落地技术战略，支持、促进和驱动业务的发展，以期达成公司的目标。”

坦白讲，技术管理的确是一个庞大的系统工程，不过，简单讲就是一句话：技术管理是在不遗余力地打造强执行力、强凝聚力的团队，让技术团队高质量、高效率地支持业务的发展，提升技术团队、技术本身和技术工作的价值。

不过在实际的工作中，有的技术管理者可能会遇到老板经常质疑自己为什么不写代码的情况，觉得其动手能力(hands-on)不强，没价值。在此情此景下，如果技术管理者再把上述这句话践行下去，就会出现更没有时间写代码的情况，这种情况可如何是好？

其实，对于这种情况，我也非常感同身受，但作为技术管理者还得要去说服自己的老板。首先，“hands-on”在这里有点被断章取义了，“hands-on”不是说必须写代码，而是说作为技术管理者应该具备写代码的能力。写代码的能力是把技术管理做好的先决条件，但是真的不代表就要亲力亲为，而且，技术管理者与程序员本身就是不同的工种。再者，技术管理的方方面面都需要技术管理者事无巨细地去关注才能够使其价值最大化，技术管理者也的确无暇再去写代码。写代码和技术管理孰轻孰重是很清晰的。

不过现实中，技术管理者在面对公司老板时，还会面临很多的问题，要想从根本上解决这些问题,还是有一条路的:把技术管理的价值掰开了揉碎了讲出来。

关于技术管理的价值,可参看图 1-9 所示的这张简洁明了、通俗易懂的逻辑图。

有读者可能会发现,这张图和上一节中的技术管理二维表很相似,其实,它就是把技术管理二维表中的范围进行细化而得到的图,也只有把技术管理的范围足够地细化全面,这个事儿才能够执行得好。

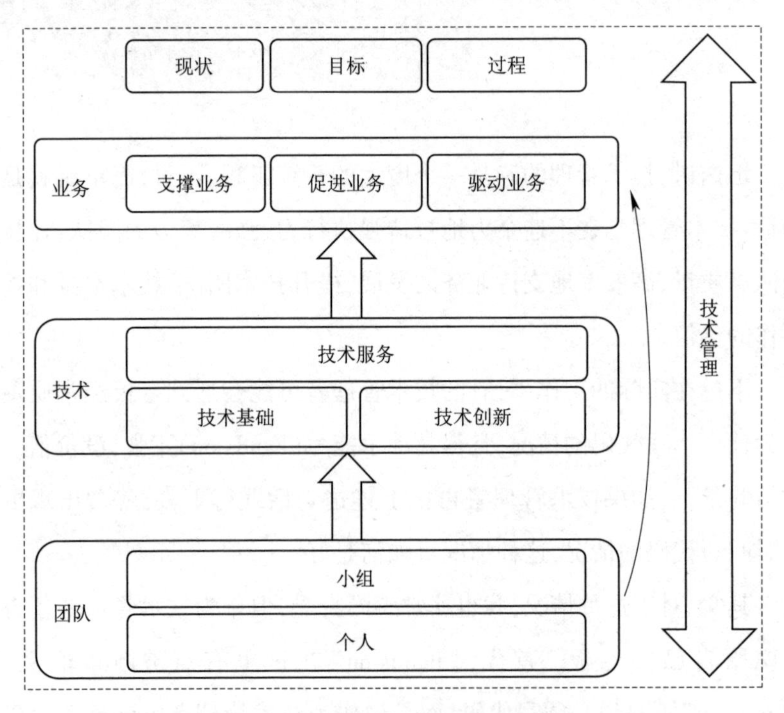

图 1-9　技术管理二维表范围细化图

接下来我来详细讲解这张图。从管理的角度讲,任何的管理都是在管理现状、目标和过程(由现状到目标),这也是管理的生命周期,技术管理自然也不会例外。那技术管理具体管理哪些东西的现状、目标和过程呢?就是团队、技术和业务的现状、目标和过程,这也是技术管理范围的三方面。

1.4.1 团队

这里说的团队,涉及个人和小组两部分。

(1)团队中的个人是指每个人,作为技术管理者,要了解每个人的现状(包括工种、级别、薪水、特长等),每个人的容量,每个人的能力,每个人的研发投入率,每个人的研发人效。技术管理就要为每个人制定一个目标和一个演进路线,并搭建平台,以期实现每个人的目标。

(2)而小组是要把人组织在一起承担更重要的任务,发挥更大的价值,获得更好的结果,这不但要求每个人的能力要到位,组织在一起成为小组之后的容量、能力、投入率、人效也要到位,还要辅以清晰的愿景使命价值观、灵活的组织架构和赏罚分明的组织纪律,让整个团队心往一处想,劲往一处使,以期实现整个团队的目标。

技术管理在个人和团队的管理上都会发挥至关重要的作用,它能够帮助公司打造携手一致的团队,还能够使其持续高质量、高效率地交付业务项目和产品。“巧妇难为无米之炊”,没有团队,谈什么都是白扯。

1.4.2 技术

这里所谓的技术,分为技术基础、技术创新和技术服务三部分。

(1)技术基础是指技术的基本面,包括机器、代码、文档、数据、模型等。作为技术管理者,同样需要摸清楚它们的现状,并制订目标,以及规划如何从现状一步一步达到目标。说得直白一点,假如一切归零,这些是技术公司唯一有价值的东西了,必须把它们不遗余力地管起来。

(2)技术创新是指专利、软著、书籍、文章、开源平台等。就是说,在技术层面,除了考虑眼前的“苟且”之外,也要考虑“诗和远方”,毕竟人还是要有点追求的。但是作为技术管理者,在这些方面要平衡好资源投入,免得到最后技术创新没做好,技术基础也不行。

(3)技术服务是指文件、数据库、消息、缓存、监控、日志、调度、配置等技术类的平台,各种技术前端的组件,以及由此搭建起来的各种技术工具,这部分需要技术管理者根据业务情况制定演进路线,并一步一步去达成。

技术管理在技术基础、技术创新和技术服务层面,要根据业务情况制订整体的规划,兼顾生存和发展,因为技术本身有其特殊性,毕竟是高科技,只有基本面,没有创新基本上意味着无能,是不合格的表现。

1.4.3 业务

所谓业务,分为技术支撑业务、技术促进业务、技术驱动业务和技术成为业务四个阶段,如图 1-10 所示。

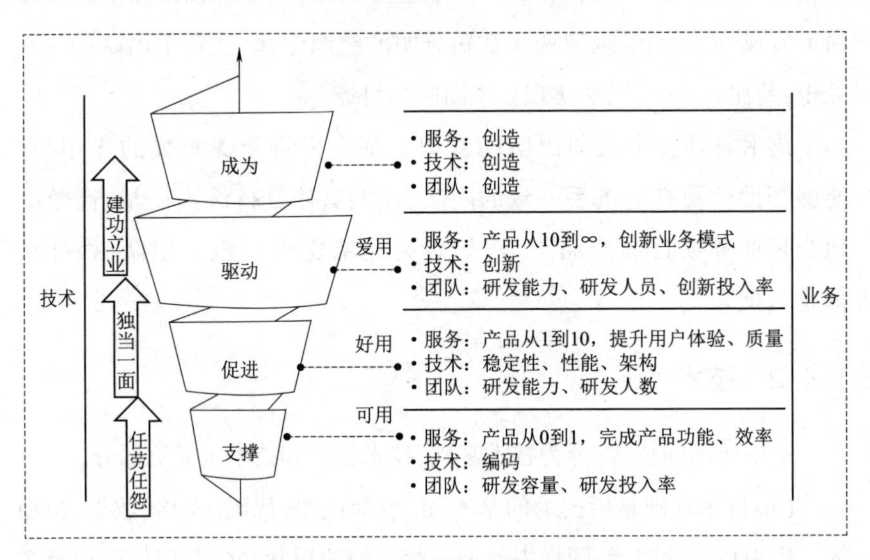

图 1-10　技术与业务关系的四阶段

(1)技术支撑业务阶段,可以称之为从 0 到 1 阶段。此阶段没有产品的产出,是只停留在想法的阶段,该阶段最重要的就是效率,高效地把产品功能完成,无论如何先把 MVP(最小可行性产品)版上线。“羞愧”地说,此时技术人员还是一个幕后的角色,任劳任怨应该是其座右铭。

(2)技术促进业务阶段,可以称之为从 1 到 10 阶段。此阶段的产品是可用的了,但用户体验不好,大故障小漏洞不断,用户很受伤,该阶段最重要的就是产品质量,所以要重视提升产品质量,提升业务效率。“窃喜”地说,此时技术的价值已经慢慢展现了,技术管理者似乎已经被打上了“独当一面”的标签。

(3)技术驱动业务阶段,可以称之为由10到∞阶段。此阶段的产品好用了,但其线性增长,一眼就能够望到头,缺乏爆点,该阶段最重要的就是创新,大数据人工智能等可以派上用场。“自豪”地说,此时技术已经大展拳脚了,技术管理者建功立业的日子即将到来。

(4)最后还有一个技术成为业务阶段(并没有列入图中)。此时技术已经开始改变世界了,技术就是那个“最靓的仔”,面对技术,作为技术管理者无法言说的敬畏之情油然而生!

就技术管理在业务部分的应用,技术管理者要根据不同的阶段制定不同的战略,投入不同的资源,并最终落地执行。可以说,每家公司都想演进到第四阶段,但是是否有必要演进到第四阶段就需要慎重了,这与公司的情况、行业的情况、技术的情况和团队的情况息息相关,而且演进过程也是一个螺旋式上升的过程,不能一蹴而就,这也是我没有把它列在图中的原因。

本节从数字化技术管理的范围切入,阐述技术管理在各个部分的价值。

技术管理在上述的团队、技术和业务三个层面8个方面都起到了至关重要的作用,图1-11所示的各个小方面都属于技术管理的范畴,你想管也得管,不想管也得管,这些小方面是对技术管理范围的再次细化,千万要记牢,后续章节会多次使用。

说一千道一万,有一点是可以肯定的,技术管理真的不是可有可无的。假如没有技术管理,那么世界将是另外一番景象了,技术团队斗志全无,技术资产挥霍无度,技术与业务貌合神离,技术价值寥寥无几……整体情况不需要我过多阐述你也应该知道个七七八八了吧,没有技术管理的企业简直是不忍直视啊。总之一句话,技术管理在干很多事情,也产生很多价值。

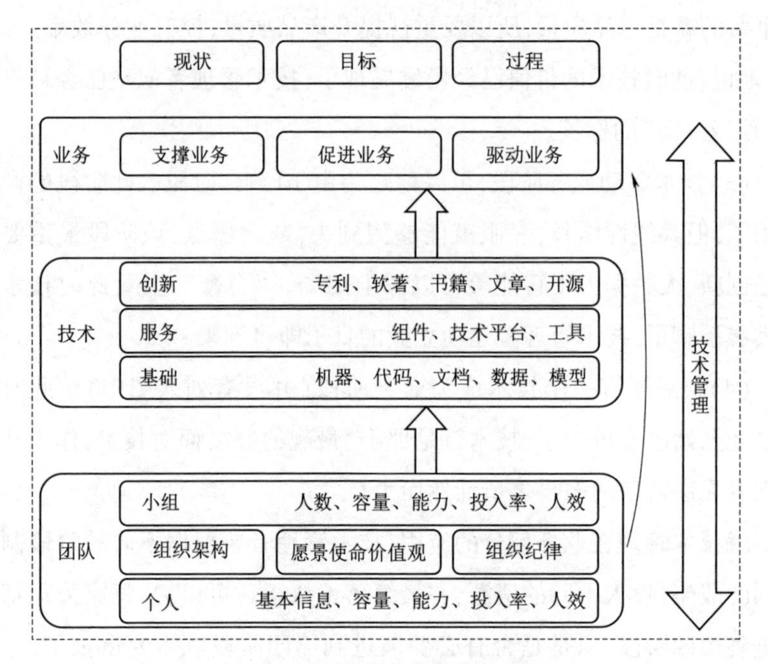

图 1-11　技术管理的各部分拆解

读完本节,你就可以很笃定地告诉老板,技术管理是一门计算的科学,是一门数字的艺术。那接下来你肯定想知道具体该怎么做技术管理了,就在下一节,我们不见不散。

1.5　数据指标——数字化技术管理的衡量指标

数字化技术管理该怎么做呢？要想做好数字化技术管理,核心就是要有数据指标。技术管理所涉及的团队、技术和业务三个范围都需要有详细的数据指标来衡量技术工作,只有如此才能做到全面、客观、科学地评价技术工作,使技术管理达到一个公平、公正的状态,让技术管理者告别费尽唇舌的日子。团队的数据指标是人员数量、人员质量和人员效能;技术的数据指标是稳定性、性能和技术资产个数;业务的数据指标是质量和效率。

半分钟小故事——怎么做技术管理

“冠军，我总是隐约感觉到技术团队做了很多事情，他们每天加班加点地干活，但是实际上并没有展现出应该有的价值。久而久之就会形成一个技术不被认可不被重视的局面，非常忧心，有什么好办法么？”

“老板，你真的是中国好老板，是技术团队的福音。坦白讲，技术工作确实有一个属性，就是工作具有隐秘性。一般不做技术工作的人很难去客观评价它，这就需要你的CTO建立一个全面、客观、科学的评价体系，通过数据指标去公平公正地评价技术工作。”

不过，说起来很轻巧，其实事实是，不仅技术人员做的很多幕后的工作难以评价，就连技术支持业务前台的工作也很难评价，但是，无论如何，这都是作为技术管理者要去展现的东西。作为管理者总不希望技术人员加班加点地工作，到头来连获得一个公平公正评价的机会都没有吧？技术需要说到做到，但是也要做到并让别人看到，这正是技术管理者的价值所在。

如上文所述，团队、技术和业务，这三个层面就是技术管理的范围，只要把这三个层面的数据指标制定清楚，那么对技术工作的衡量就能够全面、准确了。接下来的篇幅将进一步拆解每一层面的概括性指标为细节指标(图1-12)，并详细讲解这些数据指标的含义和计算方法。

1.5.1 团队层面

团队是技术管理的基础，我想，团队的重要性不需要过多的描述大家也很清楚了。简单讲，如果没有团队，一个技术人员就是有再大的本事也做不成什么。有鉴于此，技术管理的第一步就是制定一个精炼的数据指标体系，来衡量技术团队。那具体怎么制定？其实逻辑也很简单，如果要评价一个团队，首先你必须知道这个团队有多少人；其次你要知道这些人的能力怎么样，能够干多少活，干得好不好；然后你要知道这些

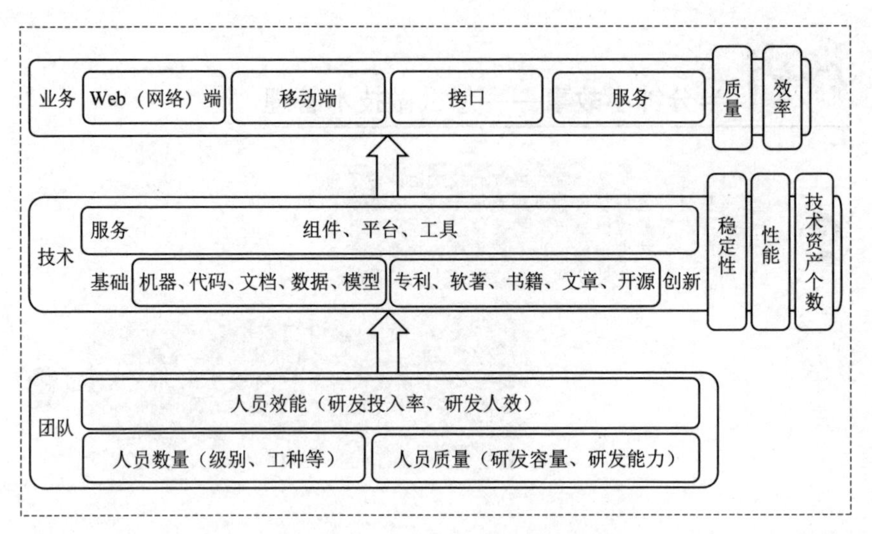

图 1-12　技术管理/技术工作细节数据指标

人愿不愿意干活，干活的时候投入度怎么样，效能怎么样。上述所说的就是团队层面最基础的三个数据指标：人员数量、人员质量和人员效能。

1. 人员数量

人员数量用人员个数表示，数值越大表示人员数量越多。技术管理通过级别和工种两个标签进行统计，表示有多少什么级别的人，有多少什么工种的人，这两个标签是最基本的标签。当然作为技术管理者，你在具体的执行过程中，还可以不断扩充标签，例如有多少擅长数据库的人，有多少擅长缓存的人，有多少擅长搜索引擎的人，等等。理论上只要标签足够多和准，就能够让你的团队做到“武可动手编码，文可提笔写刊；进可培训讲课，退可入场摆摊；主可技术管理，副可平台接单；上可战略咨询，下可职业搬砖”。

2. 人员质量

这里用人员质量来表示团队人员“能做”多少活，能力怎么样，做得好不好，它的两个数据指标为：研发容量和研发能力。

（1）研发容量用人天表示，人天的数值越大表示团队的研发容量越大，团队干的活就越多。

(2)研发能力用研发容量与人员数量的比值来表示,比值越大表示研发能力越强,团队干的活就越好。

3. 人员效能

用人员效能表示团队想不想干活,干活快不快,它的数据指标为研发投入率和研发人效。

(1)研发投入率用实际人天(和上文的人天有区别)与人员数量的比值来表示,比值越大表示投入率越高,团队就越想干活。

(2)研发人效,用有效人天与实际人天的比值来表示,比值越大表示人效越高,团队干活就越快。

到此,团队层面最基础的三个数据指标就讲完了,第 2 章会详细讲述团队层面怎么管理,怎么提升这些数据指标。此处强调一点,除了这些基础的数据指标之外,团队层面还有高阶的数据指标,如团队成本、团队成长(包括学习能力、潜力、创造能力等),这些数据指标共同组成了团队胜任力的模型,这是技术管理工作团队层面衡量技术工作的最终模型。自豪地说,这才是衡量团队的终极意义,将在第 5 章进行详细讲解。

1.5.2 技术层面

技术是技术管理的基本面,就是说假设抛开一切不谈,你的团队也要提供技术组件、技术平台、技术工具等东西,如果连这些都没有,那么你的团队也不能称之为技术团队了。有鉴于此,技术管理的第二步就是制定精炼的数据指标来衡量技术本身。其实技术本身的衡量方法也比较简单明了,搞技术的人都很清楚。首先你的系统要是可用的,其次系统要是好用的,再有如果能够用技术搞出点有价值的东西那就更完美了。上述所说的就是技术层面的三个数据指标:稳定性、性能和技术资产个数。

1. 稳定性

系统的稳定性用几个可用性表示或用不同级别的故障个数表示,即系统在一年内、半年内、一个月内允许宕机多长时间。稳定性数值越高说明系统可用性越高,也说明技术越牛。如果系统本身都是三天一个小故障,五天一个大故障,那就不用谈产品好用、用户爱用了,因为这些都是不可能完成的任务。本书把稳定性又划分为三个层次:基础设施层(IaaS)、技术平台层(PaaS)、业务服务层(SaaS)。

(1)基础设施层是指服务器、网络、操作系统等。这一层大部分公司都会使用公有云,由公有云的服务商去保障其稳定性。不得不说的是,上云这件事情真的是科技类企业的福音,它解决了大部分通用技术基础层面的问题,让科技公司不需要过多地关注这些,而能更多地关注自己的业务本身,创造更多的业务价值。

(2)技术平台层是指数据库、缓存、搜索、消息等中间件。这一层也会有公有云服务商提供,但是关于这一点,我还是倾向于公司能有自己的技术团队来保证其稳定性,毕竟各大互联网公司的删库事件还历历在目,谁也不想再重复这种血与泪的教训了。可以说,这一层是深藏功与名的一层,但是如果它出故障,那绝对是伤筋动骨的大故障,其重要性不言而喻。

(3)业务服务层是指电脑端、移动端的产品,以及一些接口、服务等。这一层就是真的在和用户打交道了。我们都知道,用户至尊,这一层出的一点点问题都会影响用户体验,也自然会影响公司的品牌,所以,作为技术管理者,这一层的稳定性必须抓在自己手里,而且对其要了如指掌,细枝末节的东西也要如数家珍,毕竟,这关乎自己、团队、公司的命运。

2. 性能

这里所谓的性能,用业务服务层的前端性能和技术平台层的后端性能来表示。性能越高,说明技术本身越牛,系统越好用,此时作为技术管理者,你是真的可以谈谈产品好用这件事情了,毕竟一个毫无延时的产品和一个分钟级响应的产品差别还是有点大的。本书依然把性能划分为三个层次:基础设施层(IaaS)、技术平台层(PaaS)、业务服务层(SaaS)。

(1)基础设施层的性能由公有云服务商去保证,让专业的人去做专业事,很合理。

(2)技术平台层的性能指标主要是后端性能,它包括:吞吐量和平均响应时间,这一层的性能主要由后端研发工程师来保证。

①吞吐量又由系统一秒钟处理的请求数(QPS/TPS)和系统同时处理的请求数(并发数)来表示,它代表系统同时服务的能力。

②平均响应时间是指系统处理一个请求的时间,它代表系统单次服务的效率。

(3)业务服务层的性能指标是前端性能:以首屏时间和用户可交互时间为主,白屏时间和页面总下载时间为辅,这一层的性能主要由大前端研发工程师来保证。

①首屏时间是指首屏渲染结束的时间点减去用户开始请求的时间点,一般用最慢的图片加载完成的时间来表示。

②用户可交互时间是指用户可以进行交互操作的时间点减去用户开始请求的时间点。

③白屏时间是指页面开始呈现的时间点减去用户开始请求的时间点。

④页面总下载时间是指页面所有资源加载完成的时间点减去用户开始请求的时间点。

3. 技术资产个数

技术资产个数用基础资产、创新资产和平台资产的个数来表示,其逻辑其实也很清晰,无论如何,技术也要实打实地留下点东西才对,一是留下点基础的技术资产,二是留下点技术的创新资产,三是留下点技术的平台资产,否则也不符合技术高科技的段位。

(1)基础资产包括:机器、代码、文档、数据、模型等。

(2)创新资产包括:专利、软著、书籍、文章、开源等。

(3)服务资产包括:组件、平台、工具等。

到此,技术层面的三个数据指标就讲完了,第3章会详细讲解技术层面怎么管理,怎么提升这些数据指标。

总之,稳定性和性能是表示技术最基本能力的指标;高阶一点的数据指标是技术资产个数,表示技术创造价值的能力。此处强调一点,这些数据都是要埋点的,因为数据是不会从天而降的,不埋点基本上只能是两眼一抹黑。

1.5.3 业务层面

业务是技术的用户。技术如果不服务自己的用户,即使做得再怎么高大上那其实也是没意义的,所以技术支持业务是天经地义的事儿,这就是技术的宿命。有鉴于此,技术管理第三步就是制定精炼的数据指标来衡量技术支持业务的情况。从常识角度去看,技术支持业务只有两个指标:质量和效率。

1. 技术支持业务的质量

这里的质量用缺陷个数、修复缺陷时长来表示。缺陷个数越少,修复缺陷时长越短,说明技术支持业务的质量越高,这是非常值得发扬的一种操作。

2. 技术支持业务的效率

这里的效率用接收需求个数、按时交付需求个数、提前交付需求个数、延后交付需求个数、提前交付需求时长、延后交付需求时长来表示。坦白讲,指标有点多,总之从逻辑上讲就是一句话,在保证质量的前提下,你的团队要尽可能快、尽可能多地完成需求。

到此,业务层面的两个指标就讲完了。理论上,技术支持业务一定是水到渠成的。只要你一步一个脚印把团队和技术都做好,那么你的团队对于技术支持业务基本上可以是分分钟的事情。

本节从数字化技术管理的范围切入,阐述技术管理在各个部分的数据指标。

技术管理在上述的团队、技术和业务 3 个层面 8 个方面都有非常清晰明确的数据指标。有了这些数据指标,基本上你不必再费尽唇舌去向老板、业务人员等解释技术价值几何等费心的事儿了。技术管理者也可以通过持续提升这些数据指标不断逼近技术管理的目标。老板清楚了这些数据指标，认可了这些数据指标，再去挑战它的可能性就微乎其微了。

读完本节，你就可以很笃定地告诉老板，数字化技术管理的各个数据指标，也可以很笃定地去不断提升这些数据指标。

本章小结

到此，本章也告一段落了。我想你对数字化技术管理的定义、必要性和目标、理论基础、价值、范围和生命周期，以及数据指标都有了很深刻的认识了，但坦白讲，这一章只是让你明白了数字化技术管理的概念，离实操还差得远。那下面第二章、第三章和第四章将直接进入实操部分，按照技术管理二维表的逻辑，从数据指标的角度分别讲述技术团队管理、技术本身的管理和技术支持业务的管理。而第五章将讲述由第二章、第三章和第四章的内容推导出的技术管理模型：个人胜任力模型、团队胜任力模型和技术价值模型。欢迎持续阅读，我们不见不散。

笔记栏

第2部分

实践篇

第2章

五个数据指标衡量技术团队

想做好对技术团队的管理,必须知道技术团队有多少人,有多大能力,能做多少事,投入度怎么样,效率怎么样。

本章聚焦技术团队的管理,从人效指标入手,详细讲述如何通过人效来量化技术团队的管理,如何提升人员数量、人员质量(研发容量、研发能力)和人员效能(研发投入率、研发人效)。

2.1 人效——技术团队的关键指标

技术团队有多少人,技术团队的研发容量是多少,技术团队的研发能力如何,技术团队投入业务研发的比率是多少,技术团队的研发人效是多少。技术管理者需要找出衡量这些东西的量化指标和公式,并通过量化指标与老板和业务对齐频道,让团队达到一个“心中有天地,泰然自处之”的状态,让技术团队告别疲于解释的日子。

半分钟小故事——怎么衡量技术团队的工作效能

“冠军,我的CTO告诉我要上中台,说要投入30多个人,1个月时间,做中台是应该用这么多人手、这么长时间吗?而且我也不清楚做中台的价值是什么,这让我很焦虑啊。”

“老板,我不知道是不是用这么多人、这么长时间,但是你的CTO这么向你汇报,那一定是有点问题的。他应该用量化的指标来告诉你中台的每个部分需要多少工作量、多少时间,你的技术团队效能怎么样;做完中台之后的价值是什么;整体的投入产出是什么。这样你就不会这么焦虑了。”

我想作为技术管理者，你一定经常面对老板对你提出的上述挑战，也经常被无法量化解释技术工作而困扰。实际上，这些问题背后的逻辑就是，你要找到量化的指标来衡量技术的工作量、技术团队的人数、技术团队的质量、技术团队的效能、技术工作的价值，并依此来客观解释每一项工作的整体情况。

你有可能非常不理解老板为什么会问这种问题，觉得自己已经解释得很清楚了。

(1)中台很复杂，分为业务中台、技术中台和数据中台，业务中台又有会员、权限、消息、商品、价格、库存、交易、营销等；技术中台又有缓存、消息、搜索、调度、配置、日志、监控等；数据中台又有采集、传输、存储、计算、分析、挖掘等。

(2)做中台，要从产品需求开始梳理，需求梳理清楚就要很久了，然后才到技术侧的概要设计和详细设计，回顾(review)过之后才能进入开发编码、测试、修改漏洞、联调等。经过这些操作才能完成 MVP 版本，的的确确是一个大工程。

其实呢，上述的两点，技术管理者和懂技术的人聊，肯定特有共鸣，没准儿还会得到大大的赞，但是，和不怎么懂技术的老板说这些，那真的是自讨没趣了。老板在说技术团队的效能，技术管理者在说技术复杂度，两者都对，但是却不在一个频道上，那自然会出现这种日复一日的矛盾，是时候需要改变了。总之，作为技术管理者，不可能凭空要求公司老板想方设法理解自己，你要做的，只能是想方设法找到一座桥梁，无缝衔接你和公司老板，让公司老板懂技术团队，让公司老板一目了然地看出技术团队到底能做什么、在做什么、产出是什么、效能怎么样，从而让技术团队得到梦寐以求的公正评价。

以下是我经过无数个“被怼成狗”的日日夜夜，才总结出的团队管理的二维表，如图 2-1 所示。通过这张图可以完全对齐技术管理者和公司老板的频道，让技术管理者不必再向老板疲于解释了，让其能抽出更多的时间来干更有意义的事儿。

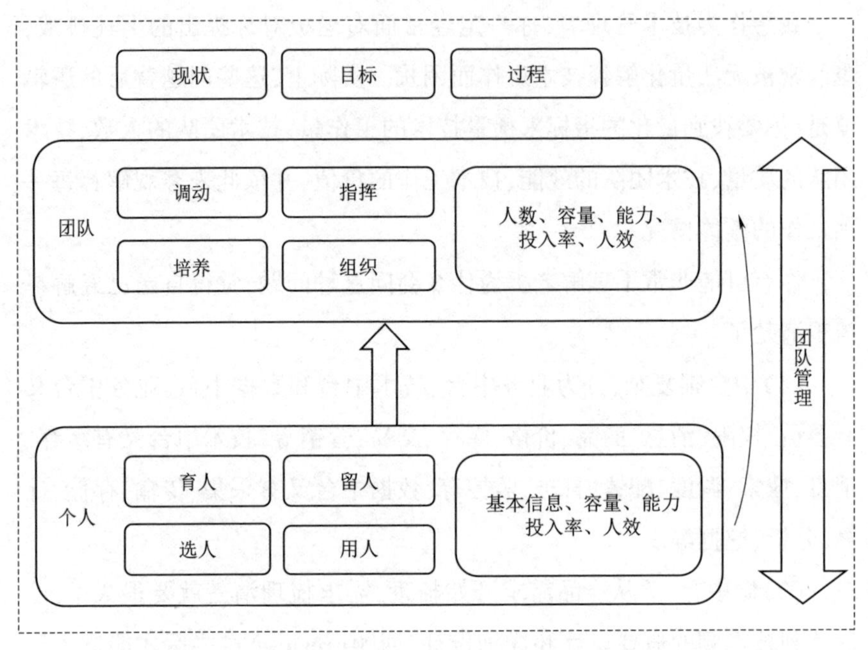

图 2-1　团队管理二维表

在此强调一点:本章都是在围绕团队管理二维表进行讲解,如果可能,麻烦你把它印在脑海里。

接下来我详细解释这张图。团队管理分为两层:个人和团队。

(1)这里的个人指团队中的每一个人。对团队中个人的管理主要包括选人、用人、育人、留人这四个方面。在团队管理中,人无疑是最重要的存在。不言而喻,没有人就没有管理的基础。对技术人员来说,主要从基本信息、研发容量、研发能力、研发投入率和研发人效这五个指标去衡量。

(2)团队。每个人管好了,自然而然就要把这些人合起来形成一个具备强凝聚力和执行力的团队了。团队层面要做的四件事情:培养、组织、调动、指挥。对于团队来说,主要从团队人数、研发容量、研发能力、研发投入率和研发人效这五个指标去衡量。

毫不夸张地说,研发人效就是衡量技术团队工作的最关键指标。

首先明确一点,这里提到的人效是一个广义的概念,如图 2-2 所示,包括三层(人员数量、人员质量、人员效能)、五个部分(技术人员个数、研发容量、研发能力、研发投入率、研发人效），五者形成一个闭环，通过技术管理的方法持续演进，日益精进。无论是人效，还是其他数据指标，都是为了解决技术团队“能做”和“想做”这两个层面的事，只要把这两个事捋顺了，世界立刻就清净了。

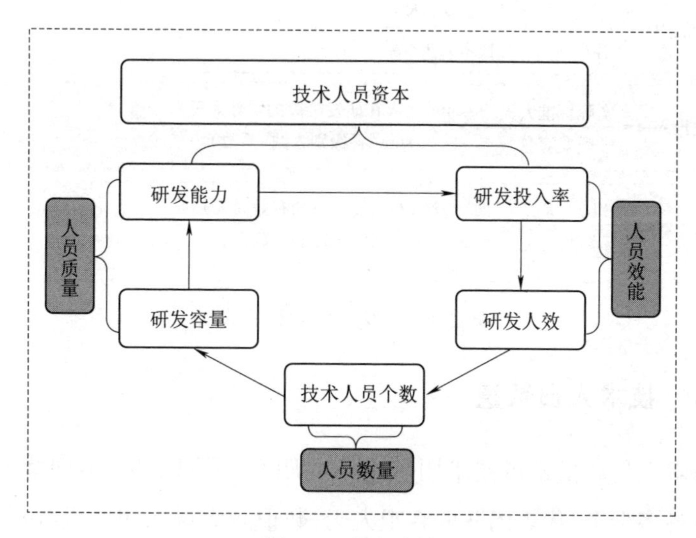

图 2-2　广义人效

其中最基础的就是技术人员个数，即技术团队有多少人，没有人会什么事情也做不了；其次是人员质量，表示团队中的技术人员能力怎么样，能做什么事情，能同时做多少，由研发容量和研发能力来衡量（能做）；最后是人员效能，表示团队中的技术人员投入的意愿值是多少，做事的效能又是多少，由研发投入率和研发人效来衡量（想做）。

在这三层（五个部分）数据的基础上可以“生长”出技术人员资本的概念。技术人员资本是可以也必须持续升值的，这个观点一定要加强重视，这是个非常新潮的概念，当然也会是让技术管理者以及公司老板怦然心动的概念。

以下是五部分中涉及的概念及研发人效的计算公式，如图 2-3 所示。

图 2-3　研发人效计算公式

2.1.1　技术人员数量

技术人员数量是指技术团队中不同职级、不同工种、不同能力的技术人员各多少个,代表团队的客观人天,数值越大说明团队人数越多,这个值在任何技术团队都是可以统计出来的。职级代表技术人员个人的能力,反映技术人员在团队中的角色;工种代表技术人员的技能,反映技术人员在团队中的职责。这两个维度综合在一起就能够反映团队中技术人员的客观情况。如团队中有多少个什么级别后端的人,多少个什么级别前端的人(本节以业务研发人员为例,其他诸如大数据研发、中间件研发与此逻辑相同)。

此处解释一下职级的概念,它是非常重要的,技术人员的定薪定职、任用、培养、考核,甚至工作安排等都依赖于它,所以如果一个技术公司没有职级能力标准,那么对不起,请你使出吃奶的力气把它制定出来。

技术职级能力标准见表 2-1。各个技术公司的职级能力标准细则不尽相同,但无外乎包含级别、职位、能力、职责几部分,表达的意思就是什么级别的人,担当什么职位,具备什么样的能力,完成什么样的工作;要想升到下一个级别,应该具备什么样的能力等(在本章第 3 节会有职级能力标准的详细解释)。

表 2-1　技术职级能力标准

级别	职　位	能　　力	职　　责
P5	开发工程师	①本科及以上学历,2 至 3 年互联网经验,身体状况良好 ②熟悉 Java ③沟通好,人品好,态度好	独立完成研发任务,对技术方案提出自己的建议
P6	高级开发工程师	①本科及以上学历,4 至 6 年互联网经验,身体状况良好 ②熟悉 Java 以及常用技术框架;培养程序员,技术内部培训;技术小组项目管理 ③沟通好,人品好,态度好,能够影响组内人员	除需具有 P5 职级的职责外,还要制定技术方案、培养新人、管理小组内项目
P7	架构师	①本科及以上学历,7 至 9 年互联网经验,身体状况度良好 ②熟悉 Java 以及常用技术框架,熟悉系统级架构;尝试技术创新;技术小组管理,公司讲师;技术部门项目管理 ③熟悉互联网行业 ④沟通好,人品好,态度好,能够影响技术部门人员	除需具有 P6 职级的职责外,还需根据业务线情况进行系统级架构,管理和培养技术小组,协调资源管理技术部门项目
P8	高级架构师	①本科及以上学历,10 至 12 年互联网经验,身体状况良好 ②熟悉 Java 以及常用技术框架,熟悉平台级架构;落地技术创新;技术部门管理,中级行业大会讲师;跨部门项目管理 ③深入认知互联网行业 ④沟通好,人品好,态度好,能够影响其他部门人员	除需具有 P7 职级的职责外,还需根据行业情况进行平台级架构,管理技术部门,提升技术在公司的影响力,整合资源管理跨部门项目
P9	首席架构师	①本科及以上学历,13 年以上互联网经验,身体状况良好 ②熟悉 Java 以及常用技术框架,熟悉全局组架构;技术驱动业务;技术部门及跨部门管理,高级行业大会讲师;公司级项目管理 ③深入认知互联网行业,有自己独到的主张 ④沟通好,人品好,态度好,能够在行业内发声	除具有 P8 职级的职责外,还需根据行业情况结合自己的认知进行全局技术战略的制定和实施,管理技术及其他部门,提升技术在行业的影响力,管理公司级项目

请注意:技术人员是公司的资本,如同钱一样,是要拿来进行投资和管理的,终极目的就是让钱生钱。每个技术团队都有一个初始资本值,可以简单地认为就是技术人员个数。随着时间的推移,根据市场、公司、团队等情况,通过技术管理的手段,作为管理者要让技术人员资本持续不断地升值,这也是技术管理者的职责之一。

2.1.2 研发容量

研发容量用客观标准人天来衡量,它的值等于所有人的客观标准人天之和,这个值在任何技术团队都是可以计算出来的。研发容量代表团队的战斗力,代表团队同时能够做多少工作。

此处解释标准人天的概念。一方面,标准人天是和战斗力强相关的一个值,切记,这里并不是说技术人员数量越多战斗力越强,搞一堆童子军,那样也不会有多少战斗力。另一方面,标准人天就是为了统一度量衡,对齐公司老板、业务和技术人员的频道,否则还是各说各话。

那么以谁为基准来定标准人天呢?此处有一个最简单的方法,就是找一个进公司时间最早的程序员,以他为基准即可,其他程序员都向他看齐,并乘以一定的系数。选择他作为基准的原因很简单,因为他可能是最能够得到老板信任的人,这样选择会省去很多解释的成本。

这个标准人天以及标准人天系数具体怎么定,每家公司每个团队不尽相同,这里附上一个标准人天系数表(表 2-2),其中此例中 P6 级别人员是公司的一线执行层,故以 P6 级别人员的为 1 个标准人天为基础,各个不同级别的标准人天乘以相应的系数(表中的系数为参考值),即可得到不同级别的人员的标准人天:P6 级别人员的标准人天是 1,P4 级别人员的标准人天就是 0.6,P5 级别人员的标准人天是 0.8,P7 级别人员的标准人天是 1.25,P8 级别人员的标准人天是 1.5,P9 级别人员的标准人天是 2,P10、P11、P12 等以此类推。

表 2-2　标准人天系数表

级　别	标准人天系数
P4	0. 6
P5	0. 8
P6	1
P7	1. 25
P8	1. 5
P9	2

注:一个标准人天是指一个 P6 级别技术人员的 1 人天。

2. 1. 3　研发能力

研发能力是指技术团队的能力如何,用比值来衡量,它的值等于客观标准人天除以客观人天。

$$研发能力=\frac{客观标准人天}{客观人天}=\frac{研发容量}{技术人员个数}$$

数值越大团队研发能力越强,这个值是通过图 2-3 所示的公式 1 和公式 2 两个值计算而来。研发容量和研发能力一起代表技术人员的质量,数值越大质量越高。

如果一个技术团队研发能力超过 1,说明超过了基准,那么恭喜了,你一不小心进入一个能力很强的团队,但是此时,作为技术管理人员要关注研发预算是否过高,毕竟“一分钱一分货”。反之,如果团队的研发能力低于 1,那么技术管理者要对症下药了,因为表面看上去团队人挺多,但实际上研发能力却没有人数来得那么好。类似一个虚胖的小伙子,如果不尽快改善,后果可能很严重。该怎么改善? 下两节会详细论述。

图 2-4 所示是某电商公司前台研发团队的研发能力示例,以此来帮助你更加深刻地理解上述公式。

经统计,前台研发团队共有 34 人,其中 P4 级职员有 11 人,P5 级职员有 11 人,P6 级职员有 7 人,P7 级职员有 3 人,P8 级职员有 2 人,其中 Android 方面的有 5 人,iOS 方面的有 5 人,H5 方面的有 10 人,Java 方面

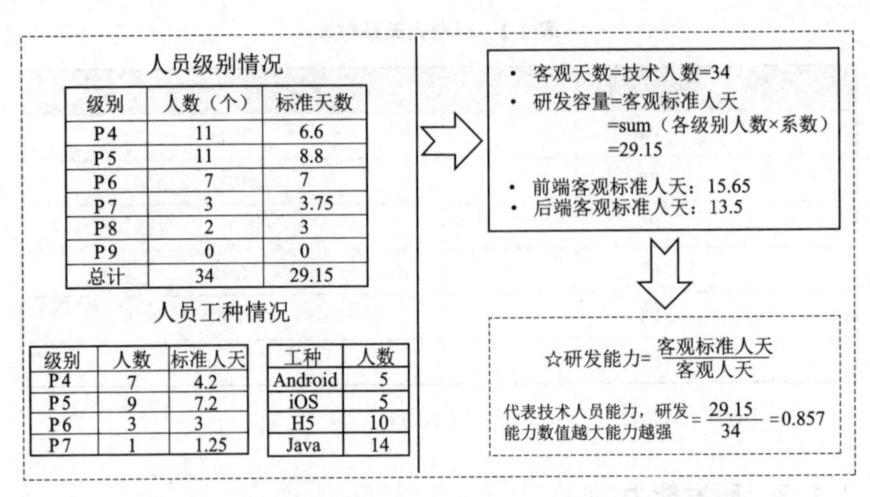

级别	人数（个）	标准天数
P4	11	6.6
P5	11	8.8
P6	7	7
P7	3	3.75
P8	2	3
P9	0	0
总计	34	29.15

级别	人数	标准人天
P4	7	4.2
P5	9	7.2
P6	3	3
P7	1	1.25

工种	人数
Android	5
iOS	5
H5	10
Java	14

图 2-4　某电商公司前台研发团队人员个数、研发容量和研发能力示例

的有 14 人；其中在前端人员中，P4 级职员有 7 人，P5 级职员有 9 人，P6 级职员有 3 人，P7 级职员有 1 人。那么该团队的人员数量即客观人天就是 34。通过标准人天和系数计算得到该团队的研发容量，也就是客观标准人天是 29. 15（按照表 2-2 中的系数标准），再根据研发能力的计算公式即可计算出其值为 29. 15÷34≈0. 857。同理，根据前端人员不同级别职员的人数可以计算得出前端的客观标准人天是 15. 65，后端客观标准人天是整个前台研发团队的客观标准人天减去前端的客观标准人天，等于 13. 5。

通常情况下，研发团队的能力中位值是 0. 9，能够达到 1 的团队是很好的存在。根据上述数值可以得出一些结论：其前台研发团队是一个研发能力稍弱的团队，初级的工程师过多，骨干工程师过少，团队配比不合理，团队整体的战斗力不足。作为技术管理者就需要有针对性地解决这些问题。

2. 1. 4　研发投入率

研发投入率是指技术人员投入业务研发的情况如何，用比值来衡量，它的值等于实际标准人天除以研发容量，数值越大表示投入率越大。此处解释实际标准人天的概念，图 2-5 所示为实际标准人天和有效标准人天的区别。这里约定业务研发分为 5 个阶段：需求阶段、设计阶段、开发阶段、测试阶段、线上故障阶段，凡是投入这 5 个阶段的工作时间都是被满额计算的，系数均为 1，皆为实际标准人天。而技术人员畅谈风月、游戏人间的时间肯定不在此列。

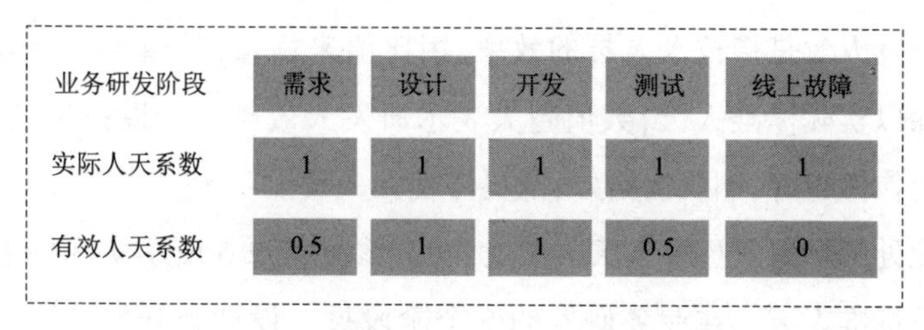

图 2-5　实际标准人天和有效标准人天

如图 2-6 所示，是某电商公司前台研发团队的研发投入率示例，该团队所有技术人员在本周实际标准人天是 139. 95，其工作量分布是：需求阶段 11. 25，设计阶段 23. 75，开发阶段 61. 05，测试阶段 37. 85，线上故障阶段 6. 05，其中非研发投入 5. 8。

序号	人员	需求阶段	设计阶段	开发阶段	测试阶段	上线（线上故障）	非研发投入
31	小明				1		
				3			
			1				
32	小红			3			
		1					
33 ★							
34	小应		4				
							1
合计	139.95	11.25	23.75	61.05	37.85	6.05	5.8

$$研发投入率=\frac{实际标准人天}{研发容量}=\frac{sum（个人在研发阶段的实际工人天）}{sum（各级别人数\times系数）}$$

人员数	客观人天	客观标准人天	实际标准人天	有效标准人天	研发能力	研发投入率 实际占比客观标准	研发人效 有效占比实际
34	34	29.15	139.95	109.35	85.74%	96.02%	78.14%

图 2-6　研发投入率示例

根据研发投入率计算公式，其值是实际标准人天除以研发容量，为 139. 95÷(29. 15×5) ≈0. 960 2。通常情况下，研发团队的研发投入率中位值是 0. 8，能够达到 0. 9 的团队是很好的存在。根据上述数值可以看出其前台研发团队的研发投入率很优秀，有些开小差的现象也是可以接受的,当然需要技术管理人员对团队更加高标准严要求。

2.1.5 研发人效

研发人效是指技术人员的效率,用比值来衡量,其值等于有效标准人天除以实际标准人天,数值越大表示研发人效越高。说一千道一万,团队工作做得好,团队出活好,都要体现在人效上。

此处解释有效标准人天的概念,可以参照图 2-5 所示实际标准人天和有效标准人天。在业务研发的 5 个阶段投入设计和开发阶段的工作时间是被满额计算的,系数是 1;在需求、测试两个阶段被半额计算,系数是 0.5;在线上故障阶段被 0 额计算,系数是 0。什么意思呢?就是说作为研发人员,在设计和开发阶段应该尽量投入更多的时间,这个阶段的产出最大;在需求和测试阶段应该投入相对较少的时间,否则就代表团队的效率低下,需要优化;在线上故障阶段应该尽量减少投入,否则就代表团队的代码质量是有问题的,需要提高。综上,应尽量减少技术人员在这 3 个阶段的投入。

图 2-7 所示是某电商公司前台研发团队的研发人效示例,该团队在本周实际标准人天是 139.95。

而有效标准人天是 109.35,即 $109.35 = 11.25 \times 0.5 + 23.75 \times 1 + 61.05 \times 1 + 37.85 \times 0.5 + 6.05 \times 0$

则研发人效是 $109.35 \div 139.95 \approx 0.7814$。

通常情况下,研发团队的人效中位值是 0.8,能够达到 0.9 的团队是很好的存在。根据上述数值可以看出,其前台研发团队的研发人效 0.78 属于略低的,在需求和测试阶段浪费了过多的时间,存在低效会议过多、手工测试过多、代码质量不高等情况,需要改善。

到此,不难发现,上述五方面技术人员个数、研发容量、研发能力、研发投入率、研发人效,可以完美地回答:技术团队有多少什么样的人,能做多少什么样的事;技术团队这些人的能力怎么样,有哪些长处哪些短处;技术团队研发投入怎么样,效能怎么样,饱和度怎么样。

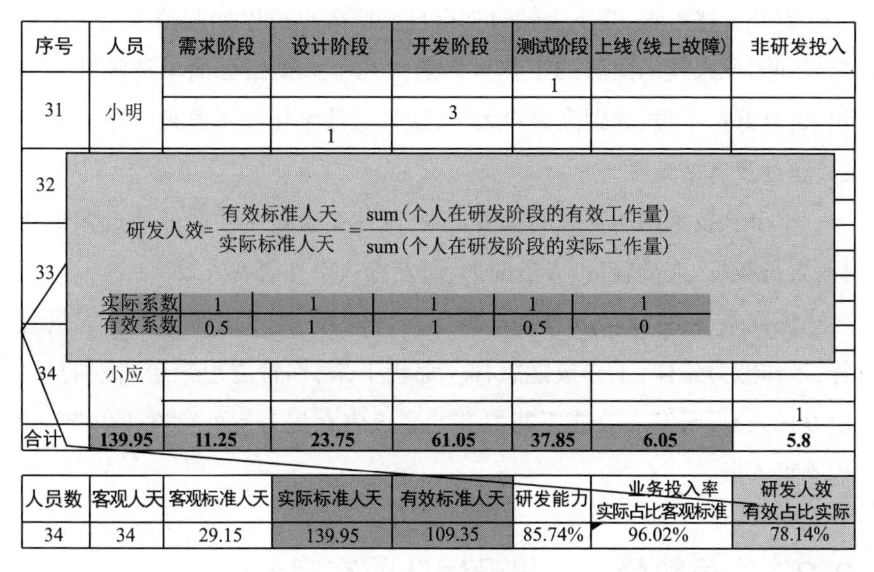

序号	人员	需求阶段	设计阶段	开发阶段	测试阶段	上线(线上故障)	非研发投入
31	小明				1		
				3			
			1				
32							
33							
34	小应						
							1
合计	139.95	11.25	23.75	61.05	37.85	6.05	5.8

$$研发人效=\frac{有效标准人天}{实际标准人天}=\frac{sum(个人在研发阶段的有效工作量)}{sum(个人在研发阶段的实际工作量)}$$

实际系数	1	1	1	1	1
有效系数	0.5	1	1	0.5	0

人员数	客观人天	客观标准人天	实际标准人天	有效标准人天	研发能力	业务投入率 实际占比客观标准	研发人效 有效占比实际
34	34	29.15	139.95	109.35	85.74%	96.02%	78.14%

图 2-7　研发人效

这时,作为技术管理者基本上可以认为已经对自己的技术团队了如指掌了,不过这还不够深入,还需要技术管理者在这些数据的基础上,推导出技术团队资本的数据;再通过技术管理的手段,持续提升技术团队的资本,这才算是完美。而此时的技术管理者就可以“踩着七彩祥云从天而降”,有理、有据、有节地和公司老板讲述这些东西,这样可以分分钟帮你们对齐频道。

我们再来回顾一下开篇的中台事件,在基于明确上述人效值的前提下,技术管理者就可以如是回答老板的问题:“老板,中台一期包含会员、权限、消息、缓存、搜索、调度、配置,需求量分别是 80 人天、60 人天、60 人天、40 人天、40 人天、80 人天、80 人天,共计 440 人天。那我们团队有 34 人,经计算研发容量是 29. 15 人天,研发投入率是 0. 960 2,研发人效是 0. 781 4,每周实际产量是 109. 35 人天,一个月 4 周就是 437. 4 人天,大概需要做一个月时间。当然做完中台一期,技术团队在中台的设计和中台的技术这两项能力上会得到一个较大的进步,业务中台、技术中台的设计文档,以及技术中台的软著也会沉淀下来作为公司的资本存在。老板,您看,我们是上还是不上?”

看到上述汇报，是不是顿时觉得自己原来也可以如此帅气？是不是想说：哇，原来技术团队的工作可以通过几个数据指标简单清晰地表达出来，真好！不过，先别高兴得太早，这只是数字化技术管理的第一步而已，还远没有结束哦。

本节从技术团队管理的范围切入，阐述衡量技术团队效能的数据指标：人员数量、人员容量、人员能力、研发投入率和研发人效。

读完本节，你就可以有理有据地告诉老板：技术团队的工作容量怎样，工作能力怎样，工作效能怎样。那接下来，你肯定想知道研发容量、研发投入率、研发人效能不能提升？又该怎么提升呢？就在下几节，我们不见不散。

2.2 人员数量——提升团队的客观人天

转变管理思路，把技术人员当成人力资本进行投资和管理，根据市场、行业、公司、团队的情况，持续调整管理措施，让技术人员资本持续升值，以获得长期的投资回报，完成公司目标，实现公司、团队和个人的三方利益最大化，使技术团队达到一个可持续发展的状态，告别没脸要人才的日子。

半分钟小故事——怎么解决你的团队人力不够的问题

"冠军，我们公司就一个App，一个运营后台，现在技术团队已经40人了，我的CTO和我说还要加人，真的需要这么多人么？已经投入很大了，没见什么产出。"

"老板，单看一个App、40人，我给不出科学的判断，也许你的团队真的需要加人，也许不需要。还有，你所说的产出是什么？产品个数是产出，那专利、软著、架构升级优化、团队能力提升等也都是产出啊，团队的产出是多方面的，不能用单一维度去衡量。如果他加的人是在符合公司业务的情况下，并且弥补了团队的短板，提升了团队的整体价值，那么就是合理的。"

我想你需要经常面对老板和业务的上述挑战，也会经常被技术团队人力不多所困扰。实际上呢，这些问题背后的逻辑就是老板对技术团队的投入很了解，但对技术团队的产出不了解，老板认为看得见摸得着的产品才是产出、客户才是产出，那自然会觉得技术团队投入多但产出少，这实际上是在用衡量销售团队的思路，来衡量技术团队，这显然是不合理、不科学的。那咋办呢？这就要求你作为技术管理者，给老板解释清楚技术团队应该怎么样去管理去衡量，不然要你何用？你要先转变管理思路，除了把技术团队作为人力资源管理之外，还要把技术团队作为人力资本去管理，技术团队本身就是公司的资本。资源的管理方式是你花1元钱能买2块糖，简单直接；资本的管理方式是你花1元钱可以赚回来2元钱，2元钱再投进去可以赚回来4元钱，流动起来可以持续升值，放在那里只能保本甚至贬值。当然口说无凭，你要找到一个量化指标来衡量技术团队作为资本的价值，并通过技术管理手段持续提升这个值，并依此来给老板解释清楚，这样，为了技术团队的资本升值，加人也好，加钱也罢，就都顺理成章了。

本书用客观人天来衡量技术团队的资本情况，如图2-8所示，静态地看，客观人天等于技术人员个数。毫无疑问，任何技术团队管理第一项任务都是统计人数，如果人数都不统计，那基本上也不用做管理了。人数会按职级和工种进行统计，职级代表个人的能力，反映个人在团队中的角色；工种代表个人的技能，反映个人在团队中的职责。这两个维度综合在一起就能够反映团队的客观情况：拥有多少做什么样事情的技术人员。

客观人天=技术人员个数

图2-8 客观人天计算公式

细心的同学会说：“那提升客观人天只有一条路，就是加人呗，看来看去似乎本节就到此为止了，没啥其他可讲的了啊？”

的确没有错，如果只停留在传统的人力资源管理的层面，本节确实要结束了。技术人员个数就是技术人力情况的客观值，可以到此结束了,但是技术团队的管理除了基本的人力资源管理之外,还应该进行更为高大上的人力资本管理,只有如此,技术人力情况才能够由技术人员个数生长成技术人员资本值。

那为什么要以资本的角度去管理技术人员呢?这个就要追根溯源到技术工种的事了。技术本身就是脑力劳动者的游戏,而脑力劳动者的价值会随着学习和实践持续不断地提升(我从不相信程序员的中年危机,有危机的一定是停止学习的随波逐流者)。衡量脑力劳动者价值最有效的指标就是资本值,技术管理者有多少资本值就能够为公司创造多少价值。简单讲,公司招聘一个技术人员,的确是花费了成本,但是同时也为公司带来了资本,作为技术管理者和公司老板一定还希望这个资本动起来,持续升值并带来更多收益,那必然的,技术管理者就要对这个资本进行持续不断地开发和培育了。再次明确一下:本书作者坚定不移地会将技术人员当成资本去投资和管理。

不过,就目前情况来看,一些技术公司对技术人员的管理还都停留在技术人事管理层面,那么要怎么将其演进到技术人力资产管理层面呢?总不至于把技术人事管理全部推倒重来吧?那样代价太大了,也不现实。

其实,推倒重来当然是不必要,技术人事管理和技术人力资本管理只是技术人力资源管理的不同阶段而已。随着技术的发展以及本行业对技术管理认知的提升,技术人事管理自然而然会发展到技术人力资本管理的。即使这样,也并不是说技术人事管理就毫无价值了,它是技术人力资本管理的基础,技术人力资本管理依然需要使用人事管理的相关数据,只不过在指导思想、选人、用人、留人、育人这五方面会有不同的关注点,也会相应地采取不同的措施。

技术团队管理在具体演进时还是要依照现状目标过程理论,其演进步骤还是分为两步:第一步,梳理技术人事管理的现状,梳理技术人力资本管理的目标;第二步,制定由现状到目标的演进路线,并一步一步扎实地去实现。

技术人事管理的现状和技术人力资本管理的目标见表2-3,它们之间的差异表现为五个部分:指导思想、选人、用人、育人、留人,那接下来,就按照这五个部分详细讲述如何演进。

表2-3　人事管理和人力资本管理的差异

各部分	技术人事管理	技术人力资本管理
指导思想	重在规范化管理,人是资源,以事为本,实现公司的价值	重在个性化管理,重在投资,人是资本,以人为本,实现公司和个人的价值
选人	人匹配岗,评估现有能力	人岗双向匹配,评估全面能力
用人	论资排辈	唯才是举,知人善任
育人	满足公司的需要	增加技术人员资本值
留人	物质激励	物质和精神激励

2.2.1　指导思想

1. 现状

技术人事管理重在规范化管理,把技术人员当成资源,消耗成本的资源,所以自然而然在选人、用人、育人、留人层面是以节约为目标的。技术人事管理在选人、用人方面更多地考虑技术人员现有的能力和资历;在育人方面更多地考虑能为公司带来什么;而在留人方面更多地通过物理激励和契约。技术管理的维度也是以事为本,作为技术管理者,你一定看到过很多的有关技术管理的资料,这些大多都是以项目为基础的,人是完成项目所必需的资源。

2. 目标

技术人力资本管理重在个性化管理,重在投资,把技术人员当成资本,产生价值的资本,因此其自然而然地在选人、用人、育人、留人层面是以升值为目标的。技术人力资本管理在选人、用人方面会更多地考虑全面的能力,即用合适的人做合适的事;在育人方面更多地考虑能够如何增加技术人员的资本值,从而为公司带来价值;在留人方面更多地考虑精神激励、事业激励、成长激励。技术管理的维度也是以人为本，以团队为本，建立相应的个人胜任力模型、团队胜任力模型，并提炼成广义人效，以此来支持技术团队管理，从而实现公司目标，提升团队资本值。

3. 如何演进

如何将指导思想从技术人事管理演进为技术人力资本管理呢？从根本上说，就是要转变思路。再次强调：不管公司还是技术管理者，以及技术人员本身都应不遗余力地把技术人员当成资本去管理和投资，让技术人员持续不断地进行资本升值，最终实现公司、团队和个人的三赢。

2.2.2 选人

1. 现状

目前，技术公司在招聘技术人员时，主要通过评估技术人员现有的能力来找到与岗位匹配的候选人，并进行录用。

2. 目标

技术公司在招聘技术人员时，应通过评估技术人员全方位的能力，包括：基础能力、专业能力、行业能力、软性能力等，尽最大努力提高人和岗的匹配度，既要考虑人是否适合岗位，也要考虑岗位能否满足人。

3. 如何演进

在选人方面，想要将技术人事管理演进为技术人力资本管理，就应该把招聘标准和本章第1节所讲的职级能力标准匹配起来，并且需要关注候选人全方位的能力，公司要用动态的眼光看待候选人；还有一点，把个人全方位能力和岗位职责匹配起来，找到能力和职责匹配的最佳点，最高效地找到最合适的技术人员。

2.2.3 用人

1. 现状

目前，技术人事管理在任用人时，论资排辈，谁资历深用谁，无论他是不是适合这个岗位,无论他的能力是否能够掌控这个岗位。

2. 目标

技术人力资本管理要达到的目标是,在任用人时,唯才是举,知人善任,把有能力的合适的人安排在合适的岗位上,能者居之。

3. 如何演进

在用人方面,两者如何演进,技术管理者就是要做到知人知岗,建立个人胜任力模型(可以参看第 5 章第 1 节),建立岗位画像,任用时找到人、岗匹配的最佳点,最大化技术人员的价值创造能力。

2.2.4 育人

1. 现状

技术人事管理在培养人时,大多是为了满足工作的需要而不得不进行培训,是一项付出成本的操作。

2. 目标

而技术人力资本管理要达到的目标是,在培养人时,为了使人力资本升值必须进行的培训,是一项投资的操作。

3. 如何演进

在演进的过程中,技术管理者要做到知人、知团队,给出技术人员个人优化建议和团队优化建议,让他们主动进行培训投资,提升个人和团队价值创造能力,获得投资回报。

2.2.5 留人

1. 现状

目前,技术人事管理在储备人时,更多的是通过合同,通过物质激励,这些都是为留住人不得不付出的成本,但这只是建立了公司与人之间物理层面的弱连接。

2. 目标

技术人力资本管理在储备人时，更多地通过精神激励，通过事业本身的吸引力，以及这份事业能够给人带来成长的角度，让事业与人之间建立精神层面的强连接。

3. 如何演进

在演进的过程中，技术管理者应做到知事业、知人，给出技术人员个人成长曲线，以及事业成长曲线，找到个人与事业的匹配线，同时兼顾个人与事业双方的利益和成长。

本节从技术团队的客观人天切入，从工种和级别层面去统计技术团队的人力情况。之后，从指导思想、选人、用人、育人、留人五方面，把技术团队的人力情况从技术人员个数这个静态的值演进到技术人员资本这个动态的值，可谓是一番神操作了。

读完本节，你就可以有理有据地告诉老板：你的技术团队的价值怎么样，该怎么提升技术团队的价值，该投入多少，会产出什么。

但是，别过于乐观哦。经过上述阐述，你可以看到，技术团队资本值需要有个人胜任力模型（产出、能力、效率、成本、成长）和团队胜任力模型来全面表达，否则，也只是更多偏主观的评价，各说各话而已。因为胜任力模型很复杂（个人胜任力模型包括 5 个一级指标、13 个二级指标、20 个三级指标、25 个四级指标，共计 37 个数据指标），因此会在第 5 章单拎出来进行详细讲述，如果你对胜任力模型非常感兴趣，请直接移步到第 5 章进行阅读。

提升技术团队的客观人天，简单粗暴地加人就够了，但要提升技术团队资本值，还需要提升各种在人效层面的其他指标。下面四节将讲述人效的其他 4 个指标：研发容量、研发能力、研发投入率和研发人效，悄悄告诉你，这 4 个指标也是胜任力模型中最重要的指标。欢迎继续阅读，就在下一节，我们不见不散。

2.3 搭台子和定标准——请持续提升研发容量

技术管理者通过管理和技术方法,制定合适的规范,搭建合适的平台,来提升技术团队的容量,让团队具备更多、有能力、有价值的人,能够完成更多、更高、更强、更好的事,达到一个日新月异的状态,让技术团队告别停滞不前的日子。

半分钟小故事——怎么解决你的团队进步不大的问题

"冠军,我们公司的发版周期一直是一个月,而且每个版本完成的功能数都是很有限的,一年以来基本上没什么进步。"

"老板,进步和没进步是需要有一个明确定义的,否则没办法知道进步还是没进步。还有,每个版本功能数有限这是正确的呀,因为你的技术团队人数有限,因此能干的活就是有限的。其实,你需要详细了解你的技术团队的容量,就是说你的团队一天、一周、一月到底能够干多少活。技术团队容量清楚之后,就可以评估你的技术团队在一个季度后、半年后、一年后是不是容量增加了,是不是能干更多活了,是不是真的进步了。"

作为技术管理者,你可能经常面对老板和业务人员对你提出的上述挑战,也经常被技术团队进步不大所困扰。实际上,这些问题背后的逻辑就是,要求技术管理者找到一个量化指标来衡量技术团队一天、一周、一月能干多少活,并分析技术团队目前差在哪里;通过管理、技术种种手段持续提升这个值,并依此来客观解释技术团队同时能够满足多少需求。这是个事实值,接受它并去提高它,如果没有这个值,那么你就什么也做不了。

本书用研发容量这个指标来衡量技术团队能干多少活,如图 2-9 所示。

研发容量,是用客观标准人天来衡量的,其值等于级别人数乘以对

标准人天：一个P6级别技术人员的1人天	
级别	标准人天系数
P4	0.6
P5	0.8
P6	1
P7	1.25
P8	1.5
P9	2

研发容量=客观标准人天=sum（各级别人数×系数）

图 2-9 研发容量计算公式

应级别的标准人天系数,然后再求和。

本书中,标准人天是指一个 P6 级别技术人员的 1 人天,其中 P4 的标准人天是 0.6×1=0.6 人天,P5 的是 0.8 人天,P7 的是 1.25 人天,P8 的是 1.5 人天,P9 的是 2 人天。

需要注意的是,此处定义的标准人天和各个级别标准人天的系数都是可变的,即此处的定义只是一个示例值,它会随着公司的发展持续变化,如何定义他们的系数也正是技术负责人需要具备的能力之一。

显而易见,要想提升研发容量只有三种办法:第一,增加人数;第二,提升人员级别;第三,提升标准人天系数。

2.3.1 增加人数

增加人数这种方法就不必多说了,这是最直接的方法。只要给你足够的人,理论上可以做任何事,别说完成产品需求这种小案子。

只要公司给足够的预算,你就可以撒开欢招人,但是,足够的预算、足够的人是梦中的场景,事实是,研发预算永远是有限的,研发人手也永远是短缺的。但是作为技术管理者,你依然要在没有预算的情况下增加人手,这要怎么办？有人说:可以通过增加工作时间(加班)来变相增加人手,不过,这不是值得提倡的事情,也体现不了任何价值。本书会反复强调,技术人员是资本,技术人员资本要想升值只有通过持续不断地学习(培训、教育、自学)和实践(工作)。技术人员天天老婆孩子热炕头是绝对不会升值的,相反还会贬值,所以这里的“加班”应该是技术人员自我价值的提升，并顺带完成公司的目标，这才是可持续发展的，这才是正确的，这才是可以实现公司、团队和个人三赢的。

2.3.2 提升人员级别

提升人员级别，就是要把团队中每个人的级别提升上去，深层次的含义就是要提升每个人的能力，从而提升整个研发团队的能力水平，这样研发容量也会跟着提上来，这就是传说中的“水涨船高”了。

但在实际的工作中，技术管理者会发现，提升人员级别难度很大。

的确如此，人是最难管的一种存在，管严了不行，管松了更是不行。

说到底，对程序员的管理也没有那么难，就两个词：能做、想做。能做是客观能力，就是让程序员在能力上具备相应水平，能做事情；想做，是主管意愿，是调动程序员让其自发地想做事情。只要把这两件事捋顺了，世界立刻就清静了。

那用什么方法捋顺这两件事情呢？实际上，本章一直在捋顺能做和想做这两件事情。本节中研发容量更多地用赏罚分明和优胜劣汰的人才池的方法解决“能做”。赏罚分明就是让池水沸腾起来，更加有温度；优胜劣汰就是让池水流动起来，更加有活力。

那怎么把这个人才池的方法论落地呢？千言万语汇成一张图，如图 2-10 所示。

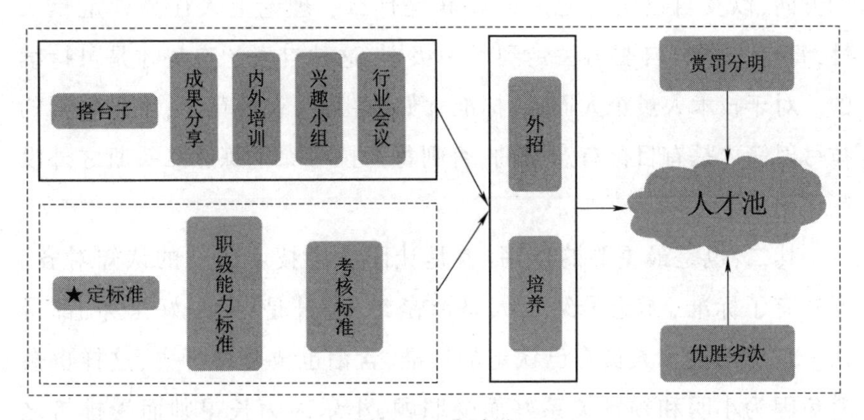

图 2-10 人才池

1. 人才路径

形成人才池的路径是内部培养和外部招聘,两条路径相辅相成缺一不可,只内部培养,容易禁锢思维;只外部招聘,容易丧失灵魂。

2. 核心是搭台子和定标准

所谓搭台子就是搭建足够开放、好用的平台,如技术成果展示、技术总结分享、技术兴趣小组、行业会议、外部培训等,让有思想、有进取心的技术人员能够持续不断地进步,持续不断地升值。毋庸置疑,越多的技术人员升值,他们所在的技术团队升值就会越大,相应的,公司也会跟着升值。

但是请注意,这个平台的搭建也不能够天马行空,要根据公司的业务来搭建。一个电商业务的公司,技术人员非要提升自己造航天飞机的能力,这肯定是不行的。仰望星空没问题,但是更要脚踏实地,这个实地就是建立在第二点核心标准基础上的。

所谓定标准,最基础的就是制定职级能力标准。这里强调一点,人才招聘、人才任用、人才培育和人才考核都应该遵循职级能力标准,这些是一脉相承的,也只有如此,才能够保证人才的持续升值。

职级能力标准有两个作用:

其一是让每个技术人员都清楚自己在团队中的情况,自己该努力的方向,以及自己努力之后的收获是什么。理论上人往高处走是天性,每个人都有自驱力去走到下一级别,这种自发的态势才是可持续的。对于技术人员个人而言,标准犹如箭靶子,有箭靶子,个人每天的拉弓射箭才是有目标有意义的,否则每天拉弓除了练肱二头肌之外没啥作用。

其二,也是最重要的作用,就是让团队中技术人员的认知对齐。既然有了标准,无论最终个人是留是走,是升是降,是好是坏,都得认。正所谓技术人员自己认定的标准,含泪也要坚持下去,这样也会避免因为小明和领导关系好而受照顾,小乐因为长得帅而受排挤之类的。只有如此,你的团队才能够做到赏罚分明,优胜劣汰。因为有标准、有数据可依，而数据是最客观的，任人说得天花乱坠，只要数据不变结果就不变，所以从此以后，作为技术管理者，你的世界真的会很清静。

那职级能力标准到底是什么呢？

本章第1节已经讲了职级能力标准，这里我再作进一步的详细讲解。每家公司的职级能力标准都不太相同，但基本上都具备如下逻辑：

①基础能力，包括实践经验、学习能力、身体状况。

②专业能力，包括技术基础（技术组件、技术平台）、技术创新（专利、软著、书籍、文章、开源）、团队管理、项目管理。

③行业能力，包括行业经验、行业认知、行业资源。

④软性能力，包括沟通、思维、价值观。

其中，专业能力和行业能力与技术管理二维表中的几行是一致的。关于基础能力和软性能力方面，俗话说得好：想要什么就管理什么，管理什么就能得到什么。本书中技术管理都是针对这几个维度在进行讲解的。第3章讲的技术本身，第4章讲的技术支持业务，第5章讲的个人胜任力模型、团队胜任力模型、技术价值模型等，均与职级能力的维度保持一致，而数据又都来自技术人员的日常工作记录（包括个人日报和小组周报），这样技术团队管理的过程和结果数据就会形成闭环，可追溯、可参照、可衡量，真真正正地做到让数据赋能IT团队技术管理。

职级能力标准的逻辑就是如此，表2-1是按照上述职级能力标准的逻辑来书写的一个详细内容示例。可以拿来参照使用，也可以取其精华去其糟粕。这里强调一点，某种程度上，“能力”列相当于简易的个人画像，“职责”列相当于是简易的岗位画像，两者匹配才可以为岗位找到、任用、培养、储备最合适的人。

2.3.3 提升标准人天系数

提升标准人天系数就是要把每个级别的标准人天系数都提高，如

P4、P5 的系数尽量达到 1，P7、P8、P9 的系数要大于 1，这个道理也很直白，系数提升了，标准人天就会提升，同样的，团队完成的工作量就会提升。

那怎么实施呢？上述搭台子和定标准的落地策略无疑是可以提升标准人天系数的，当然这只是其中的一个方法。

另外一个方法就是赋能，即让高级别的技术人员给低级别的技术人员赋能，目标就是让原本 P8 职员才能干的事，P6 职员就可以干了，让 P4 职员能干 P6 职员的事。无论是通过导师（mentor）教学制去提升人员能力，还是通过架构和框架的优化和引进，降低研发门槛，都是为了赋能，为了最终用更少的成本完成更多的工作。

本节从技术团队的容量切入，阐述技术人员质量范畴的第一个指标。要想提升研发容量，让研发团队能够干更多的活，需要打造赏罚分明优胜劣汰的人才池，需要建立公平公正公开的人才培养体系，让人才实打实地成为二十一世纪最宝贵的财富。在此格局下去做技术团队管理，你的技术团队一定进步非常快，你自己也会水涨船高。你善待人才，人才也会善待你，对么？

读完本节，你就可以有理有据地告诉老板：技术团队的容量怎么样，该怎么提升技术团队的容量。那接下来，你肯定想知道如何提升研发能力，就在下一节，我们不见不散。

2.4 团队配比——请持续提升研发能力

技术管理通过搭建配比合理技术团队的方法，来提升研发团队的能力，以让一个团队具备更多能力强的技术人员，并更好地达成公司的目标，让每个技术人员都达到“武能动手编码、文能提笔写刊”的状态，让技术团队告别原地踏步的日子。提升研发能力与提升研发容量一起实施来整体提升技术人员质量。

半分钟小故事——怎么解决你的团队能力不强的问题

“冠军，我们公司现在技术团队有50个人，感觉在承担事情的永远都是小明和小红两个人，这种现象合理么？我们技术团队的能力在整个行业中是什么水平呢？”

“老板，你这是两件事呀！第一，你团队中只有小明和小红两个扛事的人，那肯定是不行的。你团队的配比有问题，欠缺一些合理性，理论上骨干力量应该是大头，应该有比较多（25%）的骨干员工独当一面才行。现在的状况就是让小明和小红连轴转也拿不到好成绩，需要调整哦。第二，你团队在整个行业中的水平，那肯定是比较低的，至于有多低，那就需要用量化指标来衡量了。”

作为技术管理者，你可能需要经常面对老板和业务人员对你提出的上述挑战，也经常被技术团队能力不强所困扰。实际上，这些问题背后的逻辑就是，要求技术管理者找到一个量化指标来衡量技术团队和个人的能力高低，分析技术团队目前差在哪里，通过管理、技术种种手段，持续不断提升这个值，并依此来客观解释技术团队的能力在什么水平，接受它并去提高它，但是如果没有这个值，那么团队就什么也做不了。

本书用研发能力这个指标，来衡量技术团队能力的优、良、中、差。研发能力的计算公式如图 2-11 所示。

$$研发能力=\frac{客观标准人天}{客观人天}=\frac{研发容量}{技术人员个数}$$

图 2-11　研发能力计算公式

其值是客观标准人天除以客观人天，即：

研发能力＝客观标准人天÷客观人天

其中，　客观标准人天＝研发容量

客观人天＝技术人员个数

显而易见,研发能力是研发容量和技术人员个数的比值,那从小学数学的角度去看,想提升研发能力似乎只有两种办法:第一,提升研发容量;第二,减少技术人员个数。

第一种办法很好理解。那第二种减少人员个数就有点让人惊奇了,所有人都在拼命地争取增加职员总数(headcount),这里却要减少人员个数,这似乎不太正常。

透过现象看本质。我们再来仔细研究这个公式:研发能力是研发容量与技术人员个数的比值,我们拿这个比值类比一下物理中密度的概念,密度是指单位体积的质量,对照研发能力就是每个人的研发容量,所以团队的终极目标应该是提升每个人的研发容量;通俗的解释就是,减少低级别、低能力的人数,增加高级别、高能力的人数。一个团队中如果真的全都是科学家级别的人,那么这个团队可能会像埃隆·马斯克一样分分钟把航天飞机造出来。

不过,这么一解释,看上去很符合逻辑,但是不符合现实,因为高级别的人要求高成本,而研发的预算永远是有限的,这些预算一定要用在刀刃上。任何时候都要精打细算地过日子,报复性消费不是我辈所为,也迟早有一天会被反噬。

一个团队对研发能力的强调要有一个合理性,表面看要在研发预算之内越大越好,但是整体上看却是越合理越好。一个卖奶茶的电商初创的团队,十几个科学家杵在这里,是很不合理的;一个自动驾驶团队,几十个应届生杵在这里,也是不太合理的。

经过上述的分析可以得出,提升研发能力的正确路径是:第一,提升研发容量;第二,提升人员质量,合理增加高级别、高能力的人数,合理减少低级别、低能力的人数,搭建配比合理的技术团队。

2.4.1 提升研发容量

提升研发容量在上面一节已经讲得很详细了,即可以通过增加人数,提升人员级别,提升标准人天系数来提升,这里不再赘述。

2.4.2 搭建配比合理的技术团队

那如何定义配比合理的技术团队呢？所谓配比合理与公司所处阶段、公司业务性质、老板预期等因素息息相关，因为根据这些因素，可以推导出公司的业务是快速试错还是稳定一两个，是清晰可复制还是打造生态；从而推导出公司对技术的要求是快还是稳，是质量还是创新；然后推导出公司对技术团队的要求是编码能力还是架构能力，是战略能力还是创造能力；最终推导出需要匹配什么级别的、什么样的技术人员来实现公司的目标。

依此逻辑，本书归纳出合理的配比标准值。人员合理配比模型见表 2-4。

表 2-4 人员合理配比模型

行号	公司阶段	公司业务性质	老板期望	人员级别匹配
1	PreA、A	传统	技术支撑业务	P4&P5+10%；P6 or P7=5%
2	B	传统转科技	技术促进业务	P6&P7+10%；P8=5%
3	C	科技	技术驱动业务	P8+10%；P9=10%
4	D、IPO	高新科技	技术成为业务	P10+5%

其中公司阶段分为四种：Pre（前）A、A 轮，公司刚刚成立，拿到第一轮融资，需要以迅雷不及掩耳之势把想法落地成产品；B 轮，公司已经初具规模，拿到第二轮融资，一两款产品已经在市场中使用；C 轮，公司已经步入正轨，拿到第三轮融资，有稳步增长的业务；D 轮、IPO（首次公开募股），公司已经名列前茅，拿到第四轮融资，具备连续的向上成长曲线，有较大的想象空间。公司业务性质分为四种，包括：传统型、传统转科技型、科技型、高新科技型。老板的期望包括：技术支撑业务、技术促进业务、技术驱动业务、技术成为业务。这样从上往下，逐级对技术提高要求，也会对技术人员的级别提高要求，技术团队的合理配比也会高级别的增多，低级别的减少。也就是：

(1)每满足第一行中的某一个条件,则 P4 和 P5 的人员比例增加 10%,P6 或者 P7 的人员不会增加,是恒定在 5%,其余就是 P4 及 P4 以下的人员;

(2)每满足第二行中的某一个条件,则 P6 和 P7 的人员比例增加 10%,P8 人员恒定在 5%;

(3)每满足第三行中的某一个条件,则 P8 的人员比例增加 10%,P9 恒定在 10%;

(4)每满足第四行中的某一个条件,则 P10 的人员比例增加 5%。

这么看上去依然略微有点抽象,举几个具体的例子来说明一下会便于理解一些。

一个卖奶茶的初创公司,公司阶段是 Pre A,公司性质是传统公司,老板应期望的是技术支撑业务,能够进行奶茶下单即可。那此时,第一行的三个条件都满足,则 P4 和 P5 的人员比例应该是增加三个 10%,即 10%+10%+10%=30%;P6 或 P7 的人员比例应该是 5%;剩下 65% 的人员配备应该是 P4 及 P4 以下的人员。本来这种团队配比挺好的,完成任务也游刃有余,但是,如果老板自视甚高,期望的偏偏是技术驱动业务,非要做一个数据+人工智能的平台来进行奶茶买卖,结果可想而知,技术人员就会苦不堪言,效果也不会理想。

再比如,一个高举高打建立网络科技集团的上市公司,公司阶段是上市,但实际上是初创;公司性质是科技,老板期望的是技术支撑业务。那公司阶段是在第 4 行,则 P10 的人员增加 5%;公司性质在第 3 行,则 P8 的人员增加 10%,P9 的人员比例为 10%;老板期望在第 1 行,则 P6 和 P7 的人员增加 10%。

像那种财大气粗的高富帅公司,要做就要做行业第一,所以打造团队直接走顶配路线,堪称豪华配置,但是,让做惯了技术驱动业务的高科技人才来做信息化建设,却不能体现他们的价值,导致结果不上不下,业务没做好,技术也没做对,出现诸多问题。

再如一个线下转型线上的上市公司。公司阶段是上市,公司性质是传统转科技，老板期望是技术驱动业务。公司阶段在第 4 行，则 P10 的人员增加 5%；公司性质在第 2 行，则 P6 和 P7 的人员增加 10%；老板期望在第 3 行，P8 的人员增加 10%，P9 的人员比例为 10%。这家上市公司本身不差钱，打造团队又会高配一个水平，当然事情做得也还是很扎实、很前瞻的，有点降维打击的意思，一直处在行业的顶端，转型也非常成功。

本节从技术团队的能力切入，阐述技术人员质量范畴的第二个指标。要想提升研发能力就要搭建匹配合理的技术团队。所谓合理人员配比，就是要尊重科学，不要主观臆测，老板期望也要与公司阶段、公司性质匹配，不要做守财奴，更不要钱多人傻。传统公司如果一定要找科学家来摆地摊儿，高科技公司一定要找青鸟培训的初中生来做 AI，你也没辙，尽量选择敬而远之即可。因为这种情况下，公司大概率做事情会很拧巴，最后的结果也往往不能尽如人意（血与泪的前车之鉴啊，一般人我还真不告诉他）。

读完本节，你就可以有理有据地告诉老板：技术团队的能力怎么样，该怎么提升技术团队的能力。那提升研发能力和提升研发容量一起构成了提升技术人员质量，人员质量是解决了“能做”这个层面的事情，但能做不代表就能做快、做好，对吗？下一节将进入人员投入率的讲述，解决“想做”层面的事情。就在下一节，我们不见不散。

2.5 文化——请持续提升研发投入率

技术管理就是要建立良好的人才培养体系和清晰的愿景使命价值观，建立灵活多变的组织架构和赏罚分明的组织纪律，以此来提升技术团队的研发投入率，让团队技术人员在工作中具备很高的投入度，使他们达到爱生活、爱代码的忘我状态，让技术团队告别拿鞭子被抽的日子。

半分钟小故事——怎么解决你的团队人心不齐的问题

"冠军，我们公司最近有一个紧急项目，需要技术团队加班加点完成，我听到最近有些不一样的声音，团队成员对加班有微词，这是CTO管理不到位么？"

"老板，团队成员对加班有微词是人之常情，我觉得是可以理解的，毕竟成年人的世界没有'容易'二字，谁都有一大箩筐的事儿。你以此来判断CTO管理不到位似乎有些武断了，但是，你的技术团队应该是人心略有不齐，还是要深挖人心不齐的原因所在，然后头疼医头脚疼医脚，才有可能根治。"

作为技术管理人员，你可能经常面对老板和业务人员对你提出的上述挑战，也经常被技术团队人心不齐所困扰。实际上，这些问题背后的逻辑就是，老板希望你的团队心无杂念地投入工作，不要三心二意，不要左顾右盼。对于技术管理者来说，就是要找到一个量化指标，衡量技术团队的工作投入度，分析技术团队目前差在哪，通过管理、技术种种手段持续不断地提升这个值，并依此来客观解释技术团队投入率的情况。技术团队不是海绵但胜似海绵，当然还是要让技术团队自发地去干活，这才是可持续发展的。

$$\text{研发投入率}=\frac{\text{实际标准人天}}{\text{研发容量}}=\frac{\text{sum（个人在研发阶段的实际人天）}}{\text{sum（各级别人数×系数）}}$$

图 2-12　研发投入率计算公式

本书用研发投入率这个指标，来衡量技术团队的工作投入情况。研发投入率是实际标准人天除以研发容量，也就是实际标准人天除以客观标准人天（客观标准人天=研发容量）。从小学数学的角度来看，想提升研发投入率，在研发容量确定的情况下，只有一条路：提升实际标准人天,即提升每个人在研发阶段的实际标准人天。

那用什么方法提升实际标准人天呢?首先,要清楚实际标准人天的定义。所谓实际标准人天就是技术人员投入研发阶段的标准人天。那何为研发阶段呢?上文已经提到,本书约定业务研发分为5个阶段:需求阶段、设计阶段、开发阶段、测试阶段、线上故障阶段。凡是投入这5个阶段的工作时间都是被满额计算成实际标准人天的,系数均为1。还是那句话,技术人员畅谈风月、游戏人间的时间断然不在此列。

说明白了,提升实际标准人天就是想方设法让技术人员拼命地跑,要求团队每个人不要开小差,不要磨洋工。

当然,也不能够强迫技术人员全情投入,因为强迫除了适得其反之外,没有任何意义,这里显然有更为高端的做法,最终想达到的结果是让技术人员自发投入,谁不让他们投入他们就会跟谁急。

说到这个高端的做法,还是要归零思考。所谓提升实际标准人天就是让技术人员工作更加全情投入,这其实已经是精神层面的事情了。既然是精神层面的事情,那就用精神层面的方法来解决。《孙子兵法》作为古往今来的一本战略奇书,它的确有其独到之处,在熟读了一百多遍之后,我终于顿悟了,想要技术人员全情投入归根究底就是把团队的凝聚力和执行力打造出来。这里有两条路:一是,让团队心往一处想,打造很强的凝聚力,也就是传说中的"上下同欲者胜";二是,让团队劲往一处使,打造很强的执行力,也就是传说中的"携手若使一人"。简而言之一句话:一人一团队,一心一组织。

那具体怎么落地呢?这个略微有点复杂,我采用架构图的方式来分逻辑层次进行讲解,如图2-13所示,理论上这种方式够清晰,此架构图是依托《孙子兵法》进行总结的。

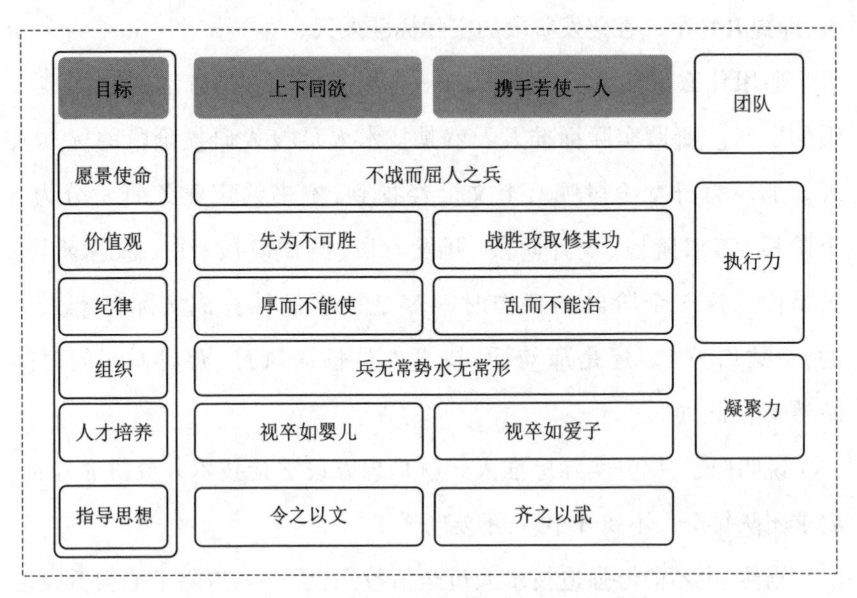

图 2-13　基于《孙子兵法》的团队管理架构图

2.5.1　最下层

打造团队的指导思想，大原则就是"令之以文，齐之以武"，要通过宽仁的政策培养团队的凝聚力（愿景、使命、价值观），通过严明的纪律打造团队的执行力（组织、纪律），一文一武相得益彰。这里特别强调"宽仁"，因为程序员是一个很有个性的群体，对他们的管理必须本着互相理解、互相尊重、互相安慰的方式去处理，否则技术管理者是搞不定的。

2.5.2　最上层

图中的最上层即是打造团队的目标层面，这个应该没什么大的疑问，心往一处想，劲往一处使的团队一定是所有管理者梦寐以求的理想团队。

2.5.3　中间层

图中的中间层就是打造团队的凝聚力和执行力。

1. 打造凝聚力层面

就是建立良好的人才培养体系和树立清晰的愿景使命价值观。

（1）建立人才培养体系方面，本章第3节已经讲得很清楚了，总结一下就是：一方面，尊重团队、保护团队，尽量做到像对待孩子一样对待自己的团队，而且要尽量保护团队的利益，但切忌溺爱和娇纵，不然后果非常严重，“视卒如婴儿，视卒如爱子”就是这个意思。

（2）树立愿景、使命、价值观。通过价值观来指导技术人员做事，通过愿景、使命来驱动技术人员自发地投入。

价值观的大原则之一就是“先为不可胜”，一定要保证技术对业务的支持工作，保质保量地完成，再图其他；之二就是“战胜攻取又修其功”，团队的发展和演进也尤为重要，安于现状，躺在功劳簿上吃老本，是非常危险的一件事情，要持续学习，持续进步。愿景、使命的大原则就是“不战而屈人之兵”，对团队中的技术人员务必高标准严要求，要用最少的投入获得最多的产出，拿到最好的结果。当然树立愿景使命、价值观是一个长期的过程，不能一蹴而就，但无论如何作为技术管理者不能小看它，因为它是团队是否具备很强凝聚力和执行力的关键所在。原因也很简单，在此我总结了一张图来说明树立愿景使命价值观的意义，如图2-14所示。作为技术管理者想让团队技术人员跟着你拼，跟着你干，至少要告诉他们这件事情的价值和意义是什么，目标是什么，收获是什么，以及准备怎么干，而不是两眼一抹黑。意义、目标、收获、做事原则这些都是愿景使命、价值观层面的事情，也是“想做”层面的事情。总之，技术管理者只要满足技术人员不同的“马斯洛需求层次”，技术人员就会全心全意跟你干，绝对会成为“中国好员工”。

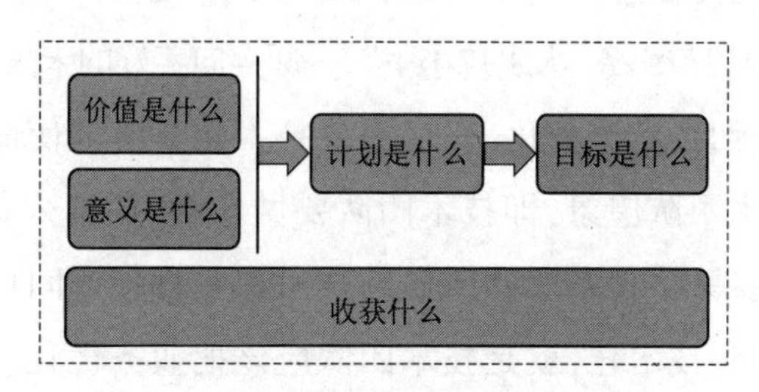

图2-14　树立愿景使命价值观的意义

愿景使命、价值观在每一家公司每一个团队都不太相同，没有统一的标准答案,适合自己团队的就是最好的。我以 20 年技术和管理经验,加之对技术人员的了解,总结出一套愿景使命、价值观示例如图 2-15 所示。至少在过往经验看来,这套愿景使命、价值观是很有一手的,能够很大程度上动员团队心往一处想,劲往一处使,详细解释如下:

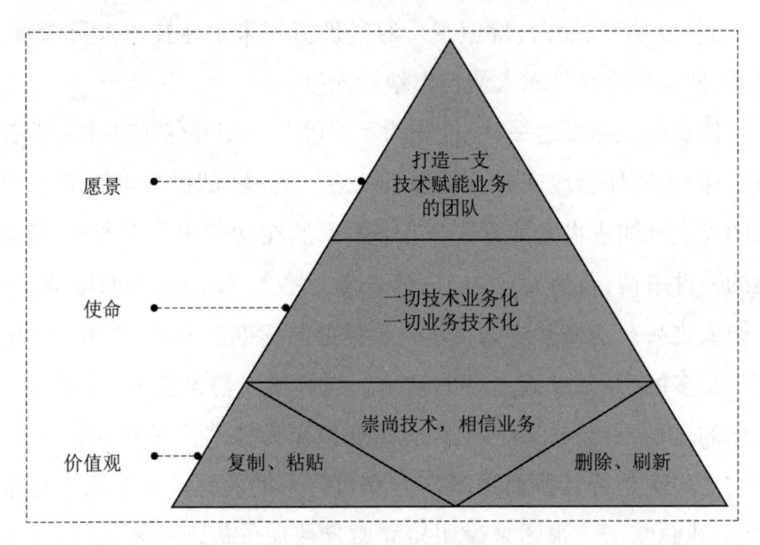

图 2-15　愿景使命价值观示例

①愿景:打造一支技术赋能业务的团队。所谓愿景,就是团队 2 年、3 年、5 年之后会成为什么样子,它是不依赖于环境的一种存在,能够让团队技术人员无论贫穷还是富有,无论疾病还是健康,无论美貌还是失色,无论顺利还是失意,都会不遗余力去坚持。所谓技术赋能业务,就是通过技术的手段让业务不能干的事可以干,让业务干得费劲的事更省力地干,让业务干得慢的事更快地干,这是任何一个技术人员心理层面最至高无上的追求了,毕竟每个技术人员都想与业务“大手拉小手”,一起奔向美好的未来。

②使命:一切技术业务化,一切业务技术化。所谓使命就是为了一步一步逼近技术团队愿景,即技术团队要做什么,要怎么做。所谓一切技术业务化,就是说,技术团队所做的技术都要直接或间接地服务于业务;所谓一切业务技术化,就是技术团队应该把业务优化、业务提升、业务拓展尽量通过技术手段去实现。只有技术人员把这两方面当成自己的使命,才能够把技术交付得更好。

③价值观：一是，崇尚技术并相信业务；二是，复制、粘贴；三是，删除、刷新。所谓价值观就是技术团队的认知问题、辨别是非、解决问题的指导方针，这也是不能够轻易改变的东西。所谓崇尚技术并相信业务是指，作为一个技术团队一要坚定不移地相信技术是有高度的，二要坚定不移地相信业务是有价值的，追求用卓越的技术去赋能业务。所谓复制、粘贴：一层意思是同理心，站在业务的角度考虑问题，复制业务的想法；二层意思是兼收并蓄，把业务的想法粘贴到自己的知识体系中，进行优化，并表达满足业务要求的结果。所谓删除、刷新：一层意思是学习，不断通过学习，使自己成长，删除自己旧的错误的认知；二层意思是创新，不断刷新自己，创造更好的自己。

2. 打造执行力层面

就是建立灵活多变的组织架构和赏罚分明的组织纪律。

（1）建立灵活的组织架构。在这个快速变化的时代，互联网团队动不动就需要搞个敏捷、搞个项目组，如果技术团队还是固化在物理组织架构里，那么就会被其掣肘，做事很拧巴。那如何应对呢？作为技术管理者，你需要找到一个把固化的组织架构进行灵活资源调配的方法。项目组、资源池的方式就很好，团队可以做到可大可小、可虚可实，以适应各种类型的项目，还可以充分调动大家的积极性，尽量保持有闲事没闲人的状态，做到“兵无常势，水无常形”。

（2）赏罚分明的组织纪律。管理者对待团队要宽仁，但也绝不能溺爱，绝不能娇纵，否则团队就会达到“厚而不能使，乱而不能治”的境地，这样的团队是没有任何执行力可言的。应该怎么做呢？赏罚分明且有信的组织纪律该登场了，做得好的就应该奖，做得不好的就必须罚，一定要一视同仁，这句话说起来容易，做起来是非常困难的。无论如何，作为技术管理者你总不至于把这种场景都推给别人来解决吧？所以再难再险也要找到一个一劳永逸的解决方案，把严明的组织纪律落地执行，而且这个方案还要润物细无声，还要让人无法抗拒，无法反驳，因此，我将此方案与本章第 3 节前后呼应，依据考核标准和考核数据来落地执行。

考核标准就是研发容量、研发能力、研发投入率和研发人效等指标,每个季度公开透明地复盘一次,这样,每个人的得分也就毫不留情地展现出来了,是好是坏一目了然,不需要任何解释。

本节从技术团队的投入度切入,阐述技术人员效率范畴的第一个指标。要想提升团队的投入度,说明白了就是先在愿景使命价值观层面进行统一,然后以你的真心换团队的真心,最后就是对团队赏罚分明,千万不能含糊。

读完本节,你就可以有理有据地告诉老板:该如何让技术团队心往一处想了。悄悄告诉你,千万别小看"心往一处想"这种意识形态方面的事儿,这恰恰决定了你团队的行为。下一节将进入技术团队管理中最靓的仔"研发人效"的讲述,我想你应该很期待见到它的盛世美颜吧?就在下一节,我们不见不散。

2.6 敏捷和迭代——请持续提升研发人效

技术管理者除了要不遗余力地强化并测试技术人员的能力之外,还要辅以迭代、敏捷等管理方法,以及一系列技术方法,来提升技术团队的研发人效,让技术团队在工作中具备很高的效能,能够发挥100%,甚至120%的能力,达到今日事今日毕,绝不拖到明天的状态,告别拖延。

半分钟小故事——怎么解决你的团队效率不高的问题

"冠军,我的技术团队有50个人,按照一周5天来计算,也有250个人天了,但是每次看技术团队的周报,要么这里损失10人天,要么那里损失10人天,总是徘徊在损失30%~40%人天的程度,这是什么情况?"

"老板,首先你有周报,还能衡量技术团队的工作量,这已经是个进步了。你所说的损失30%~40%人天的问题就有点小严重了。你需要让你的技术团队审视一下迭代、敏捷管理,以及技术平台、自动化等事情,还需要详细分析损失的人天是在研发的哪个阶段,找出根本原因后再进行有针对性的提升。"

作为技术管理者,你一定经常面对老板对你提出的上述挑战,也经常被技术团队效能不高的情况所困扰。实际上,这些问题背后的逻辑是,技术团队在研发的各个阶段中都有低效的表现,或者是管理的不到位,或者是技术平台不到位,或者是技术手段不到位。对于管理者来说,就是要找到一个量化指标,衡量技术团队的效能,分析技术团队目前的效能到底损失在哪里,通过管理、技术种种手段持续不断提升这个值,并依此来客观解释技术团队的效能问题,接受它、面对它、战胜它,你终将成为那个最靓的仔。

本节用研发人效来衡量技术团队的效能情况。研发人效是有效标准人天除以实际标准人天,其中,分母实际标准人天是每个人在研发阶段的实际投入的加和,分子有效标准人天是每个人在研发阶段的有效投入的加和,如图 2-16 所示。从小学数学的角度看,技术管理者想提升研发人效,在实际标准人天确定的情况下,只有一种办法:提升有效标准人天。

$$\text{研发人效}=\frac{\text{有效标准人天}}{\text{实际标准人天}}=\frac{\text{sum(个人在研发阶段的有效人天)}}{\text{sum(个人在研发阶段的实际人天)}}$$

图 2-16　研发人效计算公式

这里有一个有效标准人天,我们在解研发人效之前,必须搞清楚有效标准人天和实际标准人天的概念,否则无从提升。

上一节已经详细讲述了实际标准人天的含义,本节不再赘述。总之,但凡投入业务研发阶段的工作量都满额计在实际标准人天中,可见实际标准人天系数在研发五阶段中都是 1。有效标准人天,是和实际标准人天对应的一个概念,如图 2-17 所示。

首先,必须是投入研发五阶段的工作量,才会计入有效标准人天,不过每个阶段计算的额度不同,其中,只有设计和开发阶段是满额计算的,有效标准人天系数是 1;需求和测试阶段的有效标准人天系数是 0. 5;线上故障阶段的有效标准人天系数是 0。

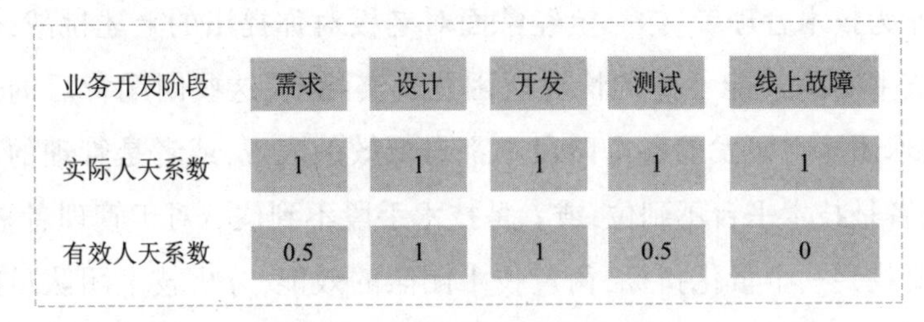

图 2-17　标准人天和实际人天

依照上述解释,提升有效标准人天主要有四种办法:

第一,减少需求阶段的投入,或提升需求阶段的有效标准人天,使系数无限逼近 1。

第二,减少测试阶段的投入,或提升测试阶段的有效标准人天,使系数无限逼近 1。

第三,减少线上故障阶段的投入,使该阶段的投入无限逼近 0。

第四,增加设计和开发阶段的投入。

以下分别讲述这四种方法具体该怎么去实施。

2.6.1　需求阶段

减少需求阶段的投入,或提升需求阶段的有效标准人天,使系数无限逼近 1。

1. 减少需求阶段投入

这一点是非常依赖产品经理和技术人员本身能力的,这也是各个技术团队招人时为什么希望候选人有相关的行业经验的原因,因为这样才能够减少沟通成本。当然如果有行业经验,并且研发经验也比较足,那么沟通需求其实就是一件轻松加愉快的事儿,此时技术管理者只需要画一张图,讲清楚全流程,研发人员就可以马不停蹄地开干了。我想此时,你需求阶段的投入时间可能只是一张图一席话的时间。

2. 提升需求阶段的有效标准人天,让系数无限逼近 1

这一点最有效的办法就是迭代并行了,如图 2-18 所示,把下一个迭代的需求阶段和上一个迭代的测试阶段合并成一个阶段(因为这两个阶段的有效标准人天系数都是 0.5,都低于 1),这样不但能够提升需求阶段的有效标准人天,测试阶段的有效标准人天也连带着一起提升了,一举两得;技术管理者还可以把零碎的时间投入需求阶段,充分利用自己的时间来发挥最大价值。毕竟每个人的时间都是一样的,就看怎么管、怎么用。

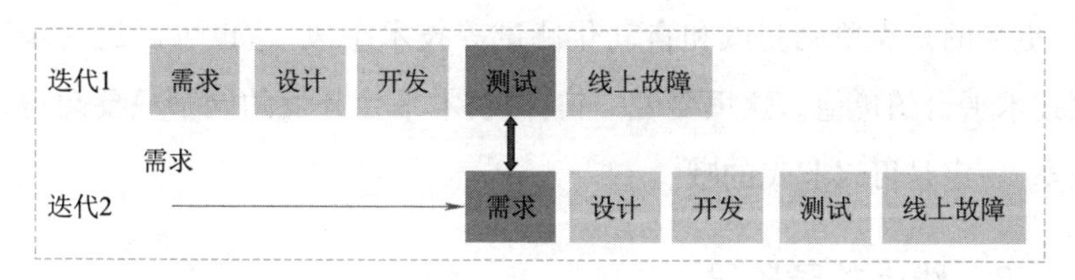

图 2-18　迭代

为了使需求阶段的工作尽量有效,除了技术人员本身的能力要够强之外,还需要技术人员做好时间管理,更需要团队成员之间通力合作,这也侧面印证了在当下的时代,合作是多么重要的一种领悟。

2.6.2　测试阶段

减少测试阶段投入,或提升测试阶段的有效标准人天,使系数无限逼近 1。

1. 减少测试阶段投入

这一点是非常依赖技术和测试的一些手段的,团队需要尽量通过 20% 的时间把 80% 的 bug 前置发现。最直接的办法就是在开发阶段引入单元测试框架,通过单元测试,保证开发阶段的编码质量,减少 bug;在测试阶段引入自动化测试框架,开发提交的功能通过通用的接口自动化和 UI(用户界面)自动化等手段保证功能质量,减少 bug。如果经过这两个阶段还有 bug 成为漏网之鱼,那也只是少数了,这样基本上可减少大部分人工测试的时间。

2. 提升测试阶段的有效标准人天,让系数无限逼近 1

这一点是依赖测试人员的能力和思路。现在大部分招聘的测试人员都要求做开发测试,也就是这个原因。团队要通过创新的思路和方法,开发更为智能的测试平台,让原本需要人工去做的事可以通过机器来完成,尽量把人释放出来做更为有效的事情。例如,通过获得代码的改动,而进行自动的测试去发现bug,这样投入测试阶段的时间就都是为了提升整体研发效率,是更为有效的存在。

为了使测试阶段的工作尽量有效,除了测试人员本身的能力要强之外,更多的是靠单元测试和自动化测试等技术手段,这也可以进一步表明技术平台的价值。这里要说一句:做技术平台开发的同学只要耐得住寂寞,一定是可以起飞的哦。

2.6.3 线上故障阶段

减少线上故障阶段的投入,使该阶段的投入无限逼近0。

在减少线上故障阶段的投入这一点上,一方面要尽量减少故障,依赖技术人员的能力,尽量考虑全面,逻辑清楚,提高代码质量。另一方面,要尽量缩短发现故障和修复故障的时间,依赖技术手段,做好全流程保障,做好监控预警,做好应急预案,做好持续集成持续交付。

为了使线上故障阶段的工作更加有效,除了技术人员本身的能力要够强之外,更多的是靠监控预警、日志、热修复等技术手段。有故障几乎是必然现象,修复故障的效率才见真章。

2.6.4 设计和开发阶段

提升有效标准人天的第四种方法就是增加设计和开发阶段的投入。

增加设计和开发阶段的投入,就是让需求沟通尽量简洁明了,能一句话讲清楚的事情绝不用两句,尽量把所有的时间都投入设计和开发阶段。秘技就是三短:开短会、说短话、写短信。在这一点上,最有效的方法就是,传说中集大成的敏捷管理。所谓敏捷管理就是用更低的成本,更快的速度来更灵活地响应客户的需求。匹配到研发上就是快速梳理MVP,通过面对面沟通把需求说清楚,即可开始设计和开发,快速上线给客户使用,再迭代优化。从直观感觉上讲,技术人员把所有时间都投入设计和开发阶段也是最有效能的，毕竟代码才是王道。

那如此有效的方法很显然是对实施要求很高的，这种方法一方面需要开发人员能力很强，对业务、对产品都有深入了解，需求来了，产品经理简单一两句话甚至一个眼神，技术人员就能够明白该做什么、为什么做、怎么做；另一方面需要研发框架搭建得很好、服务拆分得好，做到术业有专攻；再一方面需要技术资产积累得多，如技术平台、技术组件、技术文档等，就像乐高一样，要搭建一个高大上的东西，用不同的零件进行组装，分分钟就完成了。

为了使设计和开发阶段的工作更加有效，除了技术人员本身的能力要够强之外，更多地需要技术本身的积累，这也表明技术本身也是公司的资本。当然这一点的难度系数也是最高的，也应了那句话，这个世界上最难走的路才是捷径。对于乐于接受挑战，并视战胜挑战为己任的选手来说，捷径是有魅力的存在，当然也是收益最大的存在。

本节从研发人效的角度切入，阐述技术人员效率范畴的第二个指标。要想提升团队的研发人效，说明白了就是先将研发划分成需求、设计、开发、测试、线上故障等几个阶段，然后制定标准来衡量每个阶段的效率情况，再进行有针对性的优化提升。

读完本节，你就可以有理有据地告诉老板：该如何提升研发人效，该如何让技术团队输出更大的价值了。

这一节的提升研发人效和上一节的提升研发投入率一起构成了技术人员效能的部分，用了两节终于讲清楚了，信息量略大。在评估技术团队能力这个角度上，可以认为研发人效是研发容量的递进，研发容量和研发能力是评估技术团队客观具备的能力值，研发投入率和研发人效是评估技术团队能够输出的能力值。当然输出的能力值最终还是要转化成实际的业务价值，这就是技术支持业务的效率，这部分内容会在第4章第2节详细讲述，如果你已经对技术价值饥渴难耐了，请直接跳到第4章第2节仔细阅读。

本章小结

到此，本章也告一段落了。技术团队的管理已经讲清楚了，团队人效的五个数据指标技术人员个数、研发容量、研发能力、研发投入率、研发人效都讲清楚了。通过这五个数据指标，技术团队能做多少工作，能力怎么样，投入度怎么样，饱和度怎么样，效能怎么样，这些对于你来说都已经了如指掌了，你可以有本有源地和老板谈天说地了，但是你觉得只是这样就及格了，对吗？很显然还不够。你还需要更有技术含量的东西，等你稍微整理下心情，我们再上路吧。

下一章将回归技术本身，讲述衡量技术能力的数据指标的事儿，欢迎持续阅读，就在下一章，我们不见不散。

第3章

三个数据指标衡量技术

要想做全、做好技术的管理，技术管理者必须知道技术包括什么，先做什么，后做什么以及具体怎么做。

本章聚焦技术的管理，从技术的三个数据指标：稳定性、性能和技术资产个数入手，详细讲述技术的范围、层次、分级以及如何量化技术的能力和技术。读完本章，你会对技术的门门道道都清晰明了。

3.1 技术层次范围——技术管理的前提一

要想把技术做全，第一步就是框定技术到底包含哪些层次，每个层次又包含哪些模块，以及每个模块的数据指标，然后分层次、分模块进行管理，让技术告别盲人摸象的日子。

半分钟小故事——怎么解决技术团队经常犯低级错误的问题

“冠军，我怎么感觉我的技术团队总是丢三落四的，今天的问题是数据库连接池满了，昨天的问题是缓存单点，前天的问题是Java虚拟机参数设置不对，总之都是一些很‘蠢’的问题，不但我的CTO很焦虑，我也很焦虑啊。技术怎么做才能够十全十美啊？”

“老板，听起来这个问题的根本原因是你的CTO没有把技术的范围梳理完整，只焦虑是没有用的，还是需要找出办法来缓解焦虑、解决问题。还有，技术不可能做到十全十美，只能做到尽量降低出问题的概率，尽量缩小出问题之后影响的范围。”

作为技术管理者,你一定遇到过上述考虑不全的问题,也经常被一些蠢到哭的技术故障所困扰。实际上,这些问题背后的逻辑就是,技术管理者要找到一张图、一个列表,框定所有的技术,这样每次在对技术进行管理的时候,都可以对照这张图、这个表来查缺补漏,做到万无一失;你甚至可以知道某一个按钮背后有多少次接口调用,多少次缓存访问,多少次数据库访问,多少次网络请求,多少行代码,多少台机器,多少个程序员。此情此景,作为技术管理者的你肯定是可以做到微微一笑绝对不抽的。

如果没有这张图、这个表,那对不起,肯定是另一番景象了,每次发布、每次上线、每次大促甚至每项技术工作,作为技术管理者的你可能都会非常烦躁,烦躁焦虑到夜不能寐也是家常便饭。

细心的同学会说:“说得让人挺激动的,这张图似乎是指路明灯一样,但是图在哪呢?”

下面是我经过血与泪的教训,倾情总结的技术二维表。有这张图的指引,在工作中,我是真心了解到技术该做什么才能十全十美,技术不做什么就会丢三落四。如图 3-1 所示,技术二维表图中的行表示范围,即技术基础、技术服务、技术创新,这些技术范围是最主要的。三个层面分别与“信达雅”相对应,技术基础层就是信,做到可以得到 60 分;技术服务层是达,做到可以得到 80 分;技术创新层是雅,做到可以得到 90 分以上。

图中的列表示生命周期,即现状、目标和过程,同样来源于现状目标过程理论,管理技术范围 3 个层面的现状、目标和过程。数据指标是稳定性、性能和技术资产个数,技术范围的 3 个层面使用这 3 个数据指标来衡量。技术二维表高度概括了技术的范围、生命周期和数据指标。

细心的同学会说:“冠军,这张图有点抽象,似乎不具备可操作性,单看这张图我依然很不明白,能不能把它细化一下。”

这张图有细化一下的必要,图 3-2 所示就是细化图。

技术二维表细化图在大的方面分为 3 层(技术基础、技术服务、技术

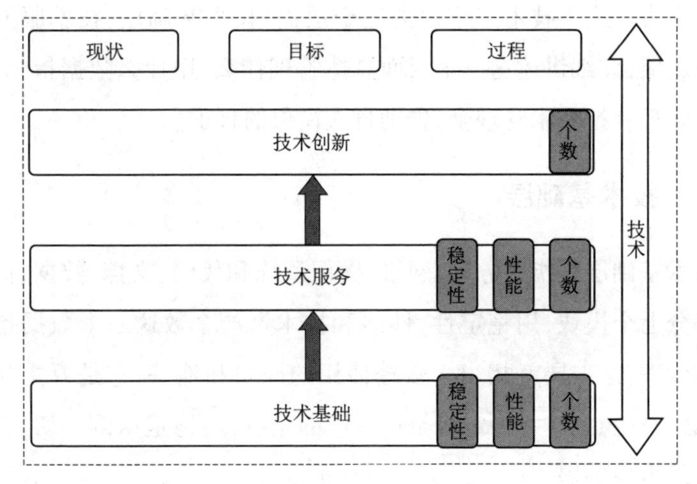

图 3-1　技术二维表

创新)、5 个部分(基础技术资产、技术工具、技术平台、技术组件、创新技术资产)、15 个模块(服务器、网络、操作系统、代码、文档、数据、模型、技术平台、技术组件、技术工具、专利、软著、书籍、文章、开源)。不得不说,技术的确是非常复杂的一件事情。想把技术管理好,技术管理者除了要具备应有的能力之外,还得心细如尘。

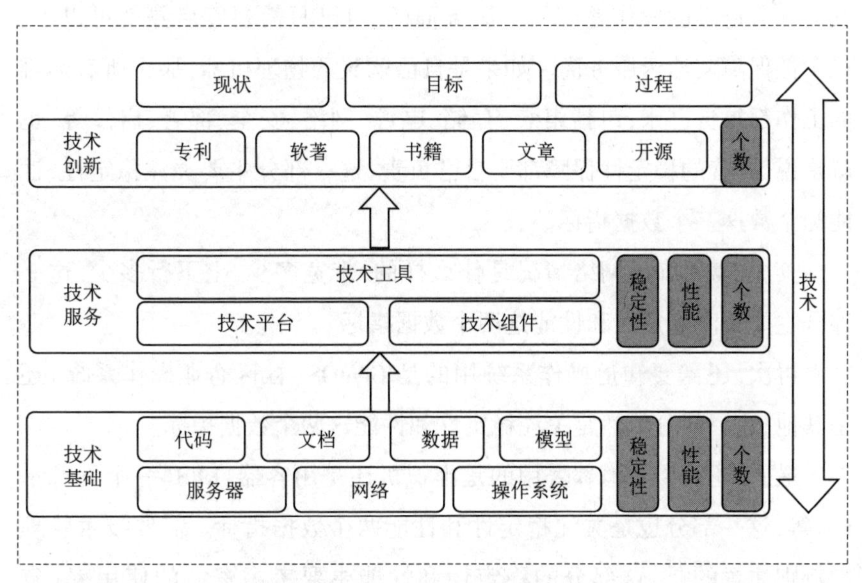

图 3-2　技术二维表细化图

以下直接进入技术二维表的三个层面：技术基础层、技术服务层和技术创新层，详细讲述这三个层面具体管理什么，用什么数据指标管理，让技术管理者把技术管理全，告别盲人摸象的日子。

3.1.1 技术基础层

技术基础层是指服务器、网络、操作系统和代码、文档、数据、模型这两个部分七个模块，用稳定性、性能和技术资产个数这三个数据指标来衡量和管理，这一层就相当于盖楼使用的原料和地基，它是万丈高楼的基础，必须打稳打牢。稳定将是这一层的主旋律，稳定压倒一切，否则越往上盖越容易倒塌。

1. 服务器、网络、操作系统

这一层技术管理者需要做的，是清楚团队的所有技术资源，管理你的所有技术资源。

首先，作为技术管理者，你需要知道公司用的是自己购买的物理机器还是云主机，需要知道机器的详细个数和详细配置。如果是云主机，其大部分运维的操作是交给云服务商的，自己只需要管启停就可以了，稳定性保障交给云服务商。如果是自己购买的物理机器，那么所有运维的工作都得自己来，包括组装、存储、电源、网络、安全、部署、启停等，也就是说，所有的稳定性保障都要自己负责，这一部分主要关注稳定性、性能和个数这三个数据指标。

其次，需要知道网络情况是什么样的，带宽多少，上下行多少，这一部分主要关注稳定性和性能这两个数据指标。

再次，还需要知道操作系统用的是 CentOS（社区企业操作系统）还是其他，这一部分依然是关注稳定性和性能这两个数据指标。

最后，还需要知道部署用的是虚拟机还是用容器、K8S（一个开源平台）等，这一部分也是关注稳定性和性能两个数据指标。需要技术管理者特别注意的是，这部分的稳定性和性能主要考虑资源的使用率（省钱）、资源的隔离、部署的效率、缩扩容的效率等。

2. 代码、文档、数据、模型

这一层技术管理者除了需要管理所有技术资源之外,更为重要的是,要把技术团队的服务意识和品牌意识树立起来。

(1)管理所有的技术资源。

这里涉及对代码和文档的管理方式、版本管理等;数据的存储、备份、灾备等;模型的产生、验证、校准、升级等。

(2)树立服务意识和品牌意识。

树立服务和品牌意识的原因之一是,代码、文档、数据、模型这些东西都是有用户的,它们的用户就是程序员或产品。只要是有用户的东西就是一种服务,只要是服务就必须要保证服务的质量以及持续性,这就是服务意识。另外,技术团队的口号(slogan)一直被认为是高科技,那么技术团队输出的东西一定是代表着自己的品牌形象的,其他方面暂且不说,自己的品牌形象不能毁于一旦。所以技术人员一定要极其注意自己输出的代码、文档、数据、模型这些东西的质量,追求卓越是必须的。我在多年的从业经验中,体会最深的一点就是,凡是用心做的东西一定可以获得同等用心的回报。

3.1.2 技术服务层

技术服务层是指技术组件、技术平台和技术工具这两个部分三个模块,用稳定性、性能和技术资产个数这三个数据指标来衡量和管理,这一层相当于对每层楼的设计,它是由原料建造而成的、可以复用的、用户体验良好的东西。性能将是这一层的主旋律,毕竟除了稳定之外,还要有更多的使用价值。

1. 技术组件

通常指的是前端组件,小到按钮、文本框、单选多选框、图片框,大到频道、菜单以及各个页面,都可以封装成组件供复用,只要组件足够多、足够灵活,技术人员甚至可以不写一行代码就搭建出任何想要的App、Web等东西,这也是“千人千面”的基础。组件还有一个作用,即便于统一框架、统一风格、统一安全、统一内存策略等。切记一点，组件必须要有复用性，且必须要有足够的稳定性和性能保障，如果费劲接完的组件，这儿一个问题那儿一个问题，使用的人心里肯定是崩溃的。

2. 技术平台

通常指的是后端平台，包括数据库、文件存储、缓存、消息、搜索、日志、监控、配置、调度、计算、网关等，这些东西主要的作用是可以让专业人做专业事，如让平台研发人员专注平台实现，保证足够的稳定性和性能；让业务研发人员更加关注业务的实现，提升效能。

3. 技术工具

通常是指在技术组件和技术平台的基础上，构建出来的供业务、运营和产品人员使用的东西，如营销活动工具、运营工具等，这一部分依然是要保证其足够的稳定性和性能。

3.1.3 技术创新层

技术创新层是指专利、软著、书籍、文章、开源这一个部分五个模块，用技术资产个数这一个数据指标来衡量和管理，这一层相当于盖楼中用到的鬼斧神工的技艺、美轮美奂的设计等，以及由此所打造的巧夺天工的作品。技术资产个数将是这一层的主旋律，毕竟创新的东西不常有，多多益善。

1. 专利

专利是最能体现一家科技公司、一个技术团队创新能力的指标，但是难度较大，需要满足创造性、新颖性、实用性等诸多要求，耗时也会很长，当然获得的收益也会大且持久。

2. 软著

和专利相比，软著好申请很多，只要编著完成提交符合规范的材料，就可以获得，耗时也会较短，当然获得的收益也相对较低，通常只有授权费。

3. 书籍和文章

这里讲的书籍和文章主要是为了传道授业解惑,毕竟“独乐乐不如众乐乐”,自己编写的书籍或文章能够使很多人学到知识,那真的是一种无法言说的快感。

4. 开源

这里的开源,也有点“大家好才是真的好”的意思,但是开源更多的是希望同行使用、同行一起贡献,让平台达到一个更高的高度,毕竟众人拾柴火焰高。

本节从技术二维表的角度切入,阐述技术的层次和范围。只要层次范围清楚了,就不会再丢三落四了,也就可以将技术管理做得很全面,以此来降低问题发生的概率。

读完本节,你就可以有理有据地告诉老板:技术的边界是什么,边界内的事儿你责无旁贷,边界外的事儿你爱莫能助。

细心的同学会说:“冠军,不得不说你这张图的确是非常全面了,什么边边角角的事儿都包含在内了,但这三层包含了很多部分、很多模块,全部管理好得猴年马月了。况且任何一家公司技术资源永远是有限的,做了一件事就得舍弃另外一件事,没有办法做到面面俱到啊。”

恭喜你,你已经学会抢答了。的确,你说的非常正确,所以才需要分优先级进行管理啊,把好钢用在刀刃上,用 20% 的资源和时间解决 80% 的问题。下一节就讲分优先级的事儿了,就在下一节,我们不见不散。

3.2 确定产品和技术分级——技术管理的前提二

要想把技术管理好,第二步就是要梳理产品分级,再确定技术分级,然后分优先级进行技术投入,合理使用有限的技术资源。重要的技术投入更多的技术资源,非重要的技术投入更少的技术资源,技术管理者要达到“运筹帷幄,决胜千里”的状态,让技术人员告别焦头烂额的日子。

半分钟小故事——怎么解决技术团队资源投入的问题

“冠军，我总感觉技术资源的投入有些问题。他们一会儿告诉我在做技术平台的统一，一会儿又告诉我在做技术架构的优化，搞得我很是摸不着头脑。为什么不把技术资源投入主产品上呢？”

“老板，这些技术应该是你主产品的支撑，主产品不可能是凭空研发出来的，需要各种技术平台、技术组件的支撑。你是从业务角度从顶向下看，那自然是离业务最近的产品优先级最高；而技术一般是从技术角度从底向上看，那自然是通用的技术平台优先级最高，是你们之间没有达成共识造成的。”

作为技术管理者，你可能需要经常面对老板提出的上述挑战，也经常会被技术没有资源安排所困扰。实际上，这些问题背后的逻辑是，你作为技术管理者没有确定产品和技术的优先级，或者即便有，也不是很合理。你需要一个大家都认可的产品和技术优先级，然后堂堂正正地把有限的技术资源投在高优先级的技术上，用最多的、最好的技术资源保障最重要的产品、最重要的技术系统，一些边边角角的产品和技术系统就随它去吧。

细心的同学会说：“冠军，其实我也知道按优先级来，但是坦白讲，我们没有产品优先级，即使有，我想也会是如下光景，‘猜你喜欢’这个产品功能是张总关注的，‘买了还买’这个产品功能是李总常用的，结果一排优先级，发现所有的产品功能都是 P0 优先级的，这和没有也没啥区别。”

关于这个方面的问题，我非常理解，的确会出现要么没有产品优先级，要么即使有产品优先级也都是 P0 级别的情况，但是我依然要说，产品优先级真的是极为重要的，无论什么原因，请不遗余力地把产品优先级确定下来。因为，没有产品优先级的后果是非常严重的：没有产品优先级就没有办法确定技术优先级；就没有办法根据技术优先级进行不同程度的技术保障,进行不同的资源投入;就没有办法完成技术最基本面的任务;就是一个不合格的技术团队;就体现不了任何价值。所以作为技术管理者,你不要再用战术上的勤奋来掩盖战略上的懒惰了,那真的只能是骗自己。

还有一点,有时划分产品优先级的策略也是不对的,技术团队不应该是面向老板编程的,而应该是面向公司商业模式、面向业务战略、面向客户用户编程的,这才是技术管理者应该遵循的产品优先级策略。

这个策略是很有价值的。且不说这个商业模式画布(business model canvas)的九要素有多么“高大上”,就是只论业务战略,也是顶层设计所必需的东西,而产品优先级必须是从上往下推导出来的。根据顶层设计所推导出来的产品优先级才是大家全部承认的,否则,业务不同意,运营不承认,产品不买单,那技术只能含泪吟唱“为什么受伤的总是我”了。

细心的同学会说:“商业模式九要素大家知道,就是关键伙伴、关键动作、关键资源、价值主张、客户关系、销售渠道、客户群体、成本结构、收入来源,但是我依然看不出它和产品优先级有什么关系。”

确定产品优先级的策略就是三个顶层要素(排名分先后):公司什么业务赚钱(即收入来源)、公司服务的客户是谁(即客户群体)、公司产品的用户是谁(即客户关系、价值主张),具体见表3-1。

表3-1　产品优先的模型

顶层要素	描　述	优先级
公司什么业务赚钱	收入来源	第一要素
公司服务的客户是谁	客户群体	第二要素
公司产品的用户是谁	客户关系、价值主张	第三要素

(1)公司什么业务赚钱。也就是公司的收入来源,这是第一要素,它是指赚钱的产品优先级就高,反之就低,根据赚钱的占比来排定产品优先级。当然公司也可能暂时没有赚钱的业务。

(2)公司服务的客户是谁。也就是公司的客户群体,这是第二要素,它是指为客户打造的产品优先级就高,反之就低,根据产品功能使用的客户数来排定产品优先级。坦白讲,客户是最有可能成为产品买单方的一种存在,所以服务好客户就是技术人员的使命。

(3)公司产品的用户是谁。也就是公司的客户关系和价值主张,这是第三要素,它是指解决用户痛点的产品优先级就高,反之就低,根据产品功能使用的用户数来排定产品优先级。产品用户的数量就是客户买单的原因所在,所以解决用户痛点是产品吸引用户和客户的关键所在。

下面举两个例子来说明一下。

苏宁,主要收入来自自营商品成交费、供应商入驻费等,客户是自营商户、入驻商户,用户是网民,这些网民更多是购买3C品类商品。所以,①交易流程的产品功能方面:用户登录、找商品、下单、支付等是P0优先级的。②供应商平台是P0优先级的。③3C品类是P0优先级的。④因为广告收入占比实在太低,广告平台只是P2优先级的。

淘宝,主要收入来自广告,客户是淘宝店主,用户是网民,这些网民更多的是购买女装品类商品。所以,①与苏宁相同,交易流程的产品功能方面:用户登录、找商品、下单、支付等是P0优先级的。②店主平台是P0优先级的。③女装品类是P0优先级的。④而与苏宁不同的是,淘宝广告平台是P0优先级的,因为大部分收入来自广告。

同样是电商公司,不同的收入结构,不同的客户用户数据,就会有截然不同的产品优先级。由此可见,确定产品优先级是一个技术活。但只有产品优先级还远远不够,对于技术人员来说,你需要划分技术优先级(包括系统优先级、服务优先级),才能清楚对哪些系统、哪些服务进行什么样的技术承诺,这也是某种程度上对技术提出更高要求的原因:除了懂业务之外,你还要把业务产品拆解成技术。

举例来说:“登录”这个产品功能是P0优先级的,那它所依赖的系统和服务就是P0优先级的。而从技术角度来讲:①负责这些系统的技术人员就是团队中最优秀的人员;②给予这些系统的就是配置最好、个数最多的机器;③对这些系统的保障就是7×24小时随时响应,技术承诺就是一年内不超过几个S1级的故障,每个服务、每个接口的并发、QPS(每秒查询率)、响应时间达到多高标准。由此可见,产品分级转换成系统分级和服务分级也是至关重要,这可以让技术资源更加合理地被使用,技术承诺更加有的放矢。

那么转换方法是什么呢？分为两步:第一,通过产品架构图,把产品分级转换成系统分级;第二,通过技术架构图,把系统分级转换成技术服务分级。

3.2.1 把产品分级转换成系统分级

坦白讲,架构师就是这个转换器,应用架构师的一个核心职责就是要根据业务梳理产品层次和逻辑,并通过产品架构图表达出来,让一个完全不懂的人也能够懂得七七八八。图 3-3 所示是电商产品架构图。

这里强调一点:一个合格的产品架构图需要完整的表达出业务流程,如逻辑上分多少层,每层多少模块等。根据此产品架构图,再和产品经理合作就能够得到每一个业务场景依赖哪些产品模块(系统)。当然这是一个持续积累的过程,技术人员需要有一张表记录每一个业务场景的依赖,并不断保持更新和完善。产品架构图分为以下三层:

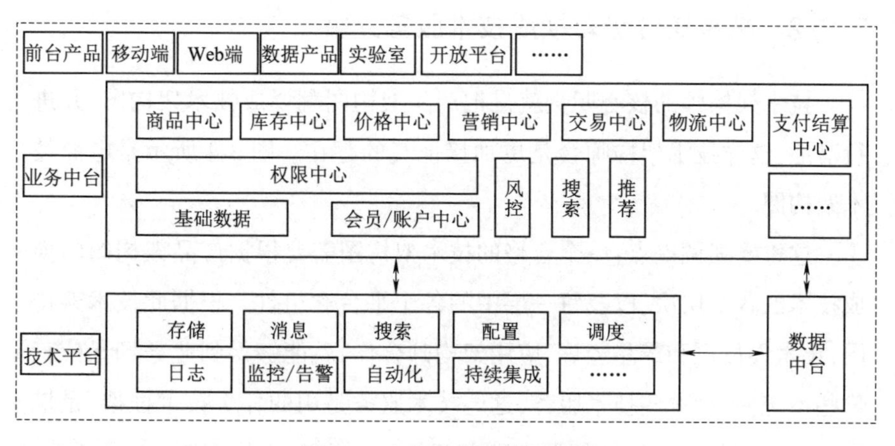

图 3-3　电商产品架构图示例

1. 前台产品层

前台产品层是指用户使用的产品,主要包括移动端、Web 端等。

2. 业务中台层

业务中台层是指根据业务情况，拆分成相对独立、有逻辑边界的产品模块，主要包括基础数据、会员/账户中心、权限中心等。

3. 技术平台层

技术平台层是指支撑业务中台的通用技术模块，主要包括存储、消息等。

到此，“登录”这个业务模块依赖哪些系统就可以一五一十地讲出来了，就是直接依赖：

(1)业务中台层的权限中心和会员中心；

(2)技术平台层的存储和消息。

细心的同学会说：“这只是把业务场景所依赖的系统模块梳理出来了，似乎还差点东西，如系统模块是哪些技术人员编写的？是哪些代码、哪些机器、哪些技术支撑的？”

这的确是个好问题，这就需要把技术架构师请出来了。下面进入第二步。

3.2.2 把系统分级转换成技术服务分级

技术架构师的核心职责就是把产品架构图翻译成技术架构图，并进行落地，这样技术架构师会是更加接地气的存在。图 3-4 所示是电商技术架构图。

这里要强调一点：一个合格的技术架构图需要根据产品架构图转换成技术的各个层次，以及每一层中的各个平台和组件。根据此技术架构图，技术人员再和产品经理、应用架构师合作，就能够得到业务场景依赖哪些系统，依赖哪些技术服务，这些技术服务是用的什么技术框架，是谁编写的，是哪些代码，是部署在哪些机器上，等等，无比清晰，一目了然。当然这也是一个过程，需要技术人员持续不断地积累，相信没有任何有价值的事情是一蹴而就的。技术架构图分为以下 5 层：

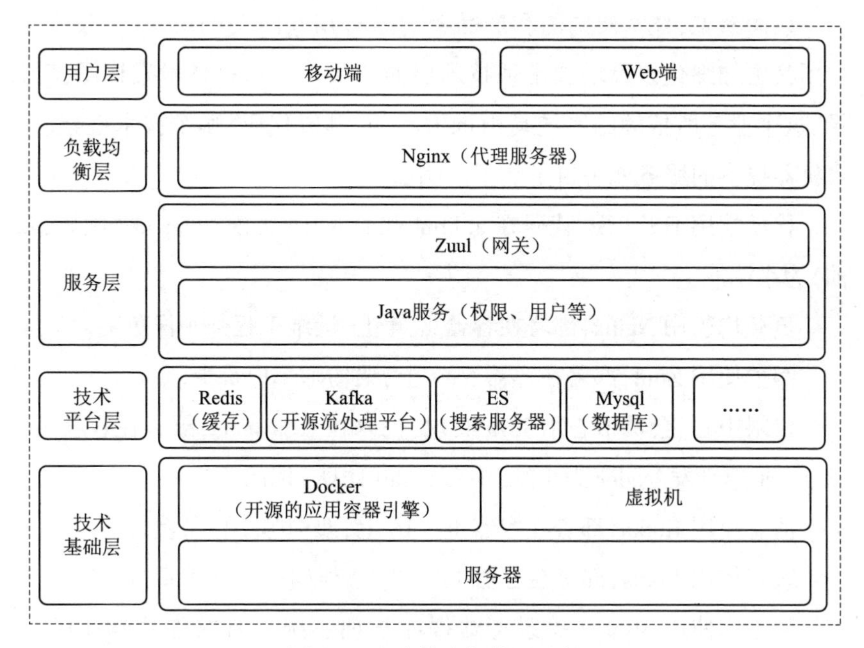

图 3-4　电商技术架构图示例

1. 技术基础层

技术基础层是指服务器、虚拟机、容器等部署。

2. 技术平台层

技术平台层是指一系列通用的技术中间件，供上层服务使用，对应产品架构图中的技术平台层。

3. 服务层

服务层是指和业务强相关的服务，对应产品架构图中的业务中台层。

4. 负载均衡层

负载均衡层是用来做来自用户端访问的流量负载均衡的。

5. 用户层

用户层是指用户使用的产品应用，对应产品架构图中的前台产品层。

显而易见,技术架构图和产品架构图有相互匹配的层次,但技术架构图又更加细化以及增加了纯技术层面的层次。通过技术架构图,“登录”这个业务所依赖的系统是由谁编写的,哪段代码、哪个技术框架、哪台机器提供的服务就一目了然了。例如:

移动端用 H5 实现,代码在 a. html 和 b. js 中,大前端 leader(领导、领袖)为小明。

负载均衡用 Nginx,部署在容器 1~4 上,运维工程师小洋负责。

网关使用 Zuul,部署在容器 5~7 上,架构师小应负责。

权限中心、会员中心用 Java 实现,代码在 c. java 中,部署在容器 8~13 上,业务研发 leader 为小红,中台 team(团队)编码。

消息使用 Kafka,部署在容器 14~16 上,架构师小白负责。

缓存使用 Redis,部署在容器 17~18 上,架构师小白负责。

数据库使用 Mysql(关系型数据库管理系统),部署在容器 19~20 上,DBA(数据库管理员)小石负责。

容器使用 Docker,服务器 21~26 使用公有云,运维工程师小洋负责。

总结一下:根据产品优先级策略,确定“登录”这个业务场景的优先级是 P0 级;再经过产品架构图和技术架构图这么两层操作,获得“登录”的系统依赖和服务依赖;随之而来的是这些系统和服务的分级也清晰了,最终会得到一张列表,见表 3-2,它表达的就是上面所述的所有前后端代码、中间件、容器,还有负责这些的架构师、程序员们,他们都是最重要的 P0 级。其他的技术人员、技术资源也会源源不断地“扑”上去,给予“登录”最强有力的支持和保障。其他业务场景同理,技术管理者经过梳理都会得到类似列表。

这样依次把每个业务场景的级别确定清楚,就可以组成一张大列表,这张大列表就基本上可以称之为产品技术等级的“启示录”了,后续涉及技术等级的一切事宜都可以参照它。

表 3-2　登录业务依赖系统一览

业务场景	产　品	技术项	类　型	负责人	优先级
登录	会员中心	UserCenter	系统	leader 小红	P0
	权限中心	AuthorityCenter	系统	leader 小红	P0
		Nginx	技术平台	运维小洋	P0
		Zuul	技术平台	架构师小应	P0
	存储	Redis	技术平台	架构师小白	P0
		Mysql	技术平台	DBA 小石	P0
	消息	Kafka	技术平台	架构师小白	P0
		Docker	技术平台	运维小洋	P0
		容器 1~20	部署	运维小洋	P0
		服务器 21~26	部署	运维小洋	P0
		a. html	代码	leader 小明	P0
		b. js	代码	leader 小明	P0
		c. java	代码	leader 小红	P0

本节从产品技术分级的角度切入,阐述技术的优先级。只要优先级清楚了,先做什么后做什么,什么投入多什么投入少,就都会很清晰了。

读完这两节,技术管理的前提就清楚了。技术二维表让你对技术全面性有良好的掌控,产品分级、技术分级让你对技术优先级有良好的掌控,整体上你对技术的管理心里就会非常有数。

细心的同学会说:“冠军,我发现产品架构图和技术架构图有点意思,貌似价值不只是帮助确定系统和服务分级,好像还能够帮助快速定位问题、解决问题啊。举个例子,根据架构图,假如‘登录’功能出问题了,我可以一步定位是哪几个产品服务,哪几个中间件,哪几台机器,哪几个工程师的问题,那么解决问题自然也是效率倍儿高啊,居然还有意外收获,真棒!”

细心的同学,不得不说你是愈发聪慧了,你说得很正确,确定产品分级、技术分级只是架构图的作用之一,架构图还有很多帅气的作用,它真的是一个宝藏,比如下面两节要讲述技术的稳定性、性能等都是非常依赖架构图的,欢迎继续阅读,下一节,我们不见不散。

3.3 稳定性——衡量技术能力好不好的数据指标

技术做得好还是不好，最基础、最关键的评价指标就是稳定性。所谓稳定性就是系统提供服务的能力，也就是系统的可用性，它是技术的基本面，一般用“几个 9”的可用性来衡量（如 99.9% 的可用性），还有的用最大故障的个数来衡量。

当然从小学数学的角度讲，故障个数和“几个 9”的可用性可以进行简单的换算。本书用最大故障个数来衡量稳定性，根据产品分级和技术分级进行不同等级的稳定性承诺，并分层次、分优先级进行保障，使系统达到一个高可用的状态，让技术告别提心吊胆的日子。

半分钟小故事——你的团队技术能力是否达标

“冠军，我的App问题不断，一会儿收藏夹乱了，一会儿不能登录了，一会儿不能下单了，技术团队遇到这些问题也确实很上心，经常通宵达旦地解决问题，我也觉得很不好意思，这么努力、繁忙的一个技术团队，似乎不应该打造出来如此脆弱不堪的一个App，问题到底出在哪里呢？”

“老板，表面上看是你的App不够好，但实际上，是你的技术团队不给力。他们或许战术上很努力，但战略上肯定不够勤奋，有点跑偏了。及格的技术能力是要保障主产品流程（登录、下单等）不出问题，听你的描述连这一点你们都还没达到。优秀的技术能力是要做到大问题没有，小问题可以有但尽量少，解决尽量快，这一点你们更加望尘莫及了。且得学着呢，只有这样优秀的技术能力才能够让你高枕无忧啊。”

作为技术管理者，你可能经常会面对老板提出的上述挑战，也经常会被三天一个小故障，五天一个大故障所困扰，整日提心吊胆、茶饭不思的。实际上，这些问题背后的逻辑并不是技术管理者不努力，而是实在太努力了，技术管理者想把所有技术都做到万无一失，太过追求完美，结果什么都没有做好。

当然,追求完美不一定是技术管理者的错,但还是要量力而行,毕竟资源是有限的。作为技术管理者,你需要做的是对不同优先级的系统,进行不同等级的稳定性承诺,并投入不同的资源进行保障。一些长时间都用不着的系统,真的可以放手了。这就是传说中的战略。

所谓稳定性即系统可用性,它表示系统稳定提供服务的一种能力,用最大故障个数来表示。稳定性(可用性)是衡量技术能力好不好的最基础、最关键的数据指标,因为只有系统是可用的,才能谈好用、用户爱用。如果系统都是不可用的,说得再怎么高科技也是非常苍白无力的。所以可以毫不留情地说,稳定性是技术的基本面,技术管理者必须使出吃奶的力气把它提升上来。

细心的同学会说:“冠军,怎么别人都用‘几个 9’可用性衡量,而你偏要用最大故障个数来衡量呢?”

其实最大故障个数和“几个 9”可用性之间是有个简单换算关系的,本节后面将会解释。

细心的同学会说:“用最大故障个数来衡量似乎也有点不科学,比如 1 个影响全部用户的故障和 10 个影响 1% 用户的故障,孰轻孰重?”

这是个非常有水平的问题。的确如上所说,笼统地谈故障个数是不科学的。有鉴于此,本书所指的最大故障个数,是分等级的故障个数,即不同级别的故障个数不超过一个特定数。不说大家也应该知道,故障分级就是按照上一节的产品分级和技术分级延续下来的,当然在这里我会再辅以影响用户、影响时间等维度,这三者就构成了故障等级标准。将每一个故障代入标准中去验证,就能够得到故障等级。

故障等级标准示例见表 3-3,此表分为 3 个大列:故障等级、故障描述和判断标准,其中,故障等级列中,数字越小表示故障等级越高,故障越严重;判断标准是故障等级标准的核心,又分为四小列,即影响产品名称、影响产品等级、影响用户和影响时间。

表 3-3 故障等级标准示例

故障等级	故障描述	判断标准			
		影响产品名称	影响产品等级	影响用户	影响时间(小时)
S0	造成很大损失	登录	P0	50%以上	3h 以上
	或影响范围很大	一级页面浏览			
	或中断时间很长	重要的一级页面交互(如付款)			
	或核心业务功能不可用	—			
S1	造成较大损失	注册	P1	30%～50%	2 h～3 h
	或影响范围较大	下单			
	或中断时间较长	支付			
	或核心业务功能受影响	搜索商品			
	—	加购物车			
	—	一级页面交互			
	—	重要的二级页面浏览			
S2	造成中等损失	推荐	P2	20%～30%	1 h～2 h
	或影响范围中等	商品图片加介绍			
	或中断时间中等	退换货			
	或核心业务功能受影响	二级页面交互			
S3	造成较小损失	分享	P3	10%～20%	0.5 h～1 h
	或影响范围较小	评论			
	或中断时间较短	商品详情页			
	或核心业务功能较小影响	……			
S4	造成很小损失或无损失	非核心业务:消息、帮助、客服、卡券、收藏关注、足迹等	P4	0～10%	0 h～0.5 h
	或影响范围很小或无影响				
	或中断时间很短				
	或核心业务功能不受影响				

(1)判断标准中,最重要的是影响产品等级。影响产品等级高,故障等级必然高,这很好理解,只要技术人员干了影响主产品流程的事,那么其必定要负责,休想往外推脱。

(2)判断标准中影响用户和影响产品等级是“或”的关系,即影响产品等级和影响用户两个标准满足其一就可以确定故障等级。例如,如果一个故障一个不小心满足了影响产品等级是 P0 或者满足了影响用户超过 50%,那么对不起,这个故障就肯定是 S0 级。

(3)判断标准中影响时间是个辅助决策因素,即假如一个 S4 级故障,一年了都没有解决,那么对不起,它可能会上升到 S1 甚至 S0 级。思考一下,这也是很符合实际情况的,千里之堤溃于蚁穴,再小的故障也不能无限制地拖延下去。当然如果一个 S0 级的故障 3 个小时还没有解决,那么真的是非常不幸,得有人为此买单,公司需要严格践行赏罚分明的组织纪律。

那么接下来就得制定故障个数标准——稳定性标准了,如图 3-5 所示。稳定性标准就是:

S0 级故障一年不超过 2 个;

S1 级以上故障一年不超过 3 个;

S2 级以上故障一年不超过 9 个;

S3 级以上故障一年不超过 18 个。

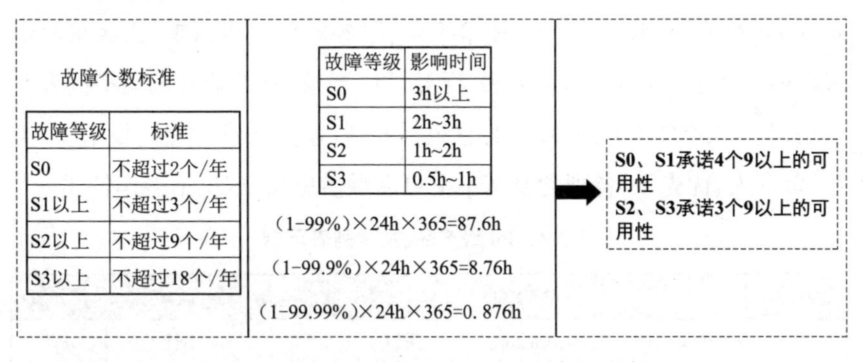

图 3-5　故障个数标准——稳定性标准示例

以 S1 级故障为例解释一下。S1 级以上的故障一年不超过 3 个,以最大值 3 小时计算,换算一下就是,S0、S1 级的产品一年内控制在 9 小时以内不可用,相当于 S0、S1 级的产品承诺 3 个 9 的可用性(3 个 9 的可用性是指一年 99. 9% 的时间是可用的,即一年 0. 1% 的时间是不可用的,即 0. 1%×24×365 = 8. 76 个小时不可用),这也就是最大故障个数和“几个 9”可用性的转换关系了。

接下来就得想方设法去达到这个标准,也就是做好技术保障承诺,以下是具体做法：

以 S0 级故障一年不超过 2 个这一个标准来进行详细解释(其他 3 条标准与此同理)，其实就是两步走——第一，盘点出所有 S0 级故障所涉及的系统、平台、代码等，这样就清楚哪些系统是要保证一年内不超过 2 个故障；第二，管理和技术手段并用，保证这些系统少出故障，即使出了故障也尽量降低故障的影响。

3.3.1 盘点 S0 级故障所涉及的系统

上述讲解，有两层含义：一是不允许出现 2 个以上影响 P0 级产品的故障，这是从业务、产品的角度自上而下地去看；二是不允许出现 2 个以上影响 5 成以上用户的故障，这是从技术的角度自下而上地去看。

1. 从业务、产品角度自上而下看

这里，我们把上一节讲到的所有 P0 级的产品，以及 P0 级产品所依赖的 P0 级系统、服务、代码、技术平台、服务器等全拎出来，这些东西组成的列表就是 P0 级技术项列表。继续以"登录"这个业务场景举例来看这个列表本来的样子，见表 3-4，它包括 6 列：业务场景、产品、技术项、类型、负责人、优先级，各列含义基本上可以顾名思义，这里不多作赘述。

表 3-4 P0 级产品、技术列表示例

业务场景	产　品	技术项	类　型	负责人	优先级
登录	会员中心	UserCenter	系统	leader 小红	P0
	权限中心	AuthorityCenter	系统	leader 小红	P0
		Nginx	技术平台	运维小洋	P0
		Zuul	技术平台	架构师小应	P0
	存储	Redis	技术平台	架构师小白	P0
		Mysql	技术平台	DBA 小石	P0
	消息	Kafka	技术平台	架构师小白	P0
		Docker	技术平台	运维小洋	P0
		容器 1~20	部署	运维小洋	P0

续上表

业务场景	产　品	技术项	类　型	负责人	优先级
登录		服务器 21~26	部署	运维小洋	P0
		a. html	代码	leader 小明	P0
		b. js	代码	leader 小明	P0
		c. java	代码	leader 小红	P0

2. 从技术角度自下而上看

此时可以参照技术架构图,如图 3-6 所示(再次强调一点,架构图真的是个好东西,只要你是个有心之人,或许你可以做到闻架构图识工作)。显而易见,Nginx、Zuul、Mysql、Redis、ES、Kafka、Docker 这些支撑全部应用的技术平台只要出故障一定会影响用户数超过 5 成,所以都是 P0 级的。

从业务、产品角度自上而下看和从技术角度自下而上看,两者取并集去重就能够得到表 3-5 的列表,这些就是 S0 级故障涉及的所有技术。至此,技术稳定性承诺也浮出水面了。从此以后,技术人员对技术的保障也就可以按此方式拼命耕耘,这样会更加有的放矢。

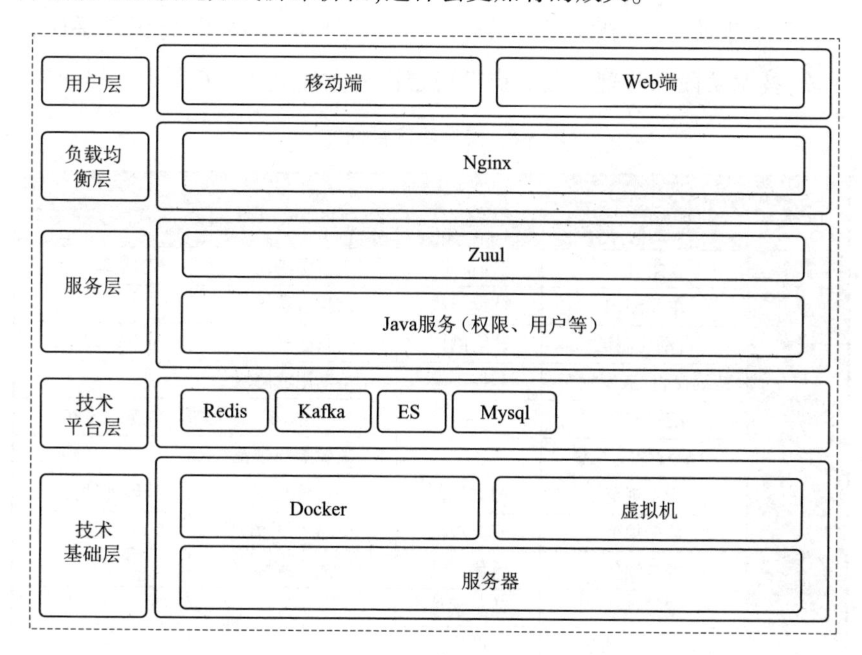

图 3-6　技术架构图示例

表 3-5　以“登录”为例的 P0 级系统一览

业务场景	产品	技术项	类型	负责人	优先级	稳定性承诺
登录	会员中心	UserCenter	系统	leader 小红	P0	不超过 2 个故障/年(4 个 9 的可用性)
	权限中心	AuthorityCenter	系统	leader 小红	P0	
		Nginx	技术平台	运维小洋	P0	
		Zuul	技术平台	架构师小应	P0	
	存储	Redis	技术平台	架构师小白	P0	
		Mysql	技术平台	DBA 小石	P0	
	消息	Kafka	技术平台	架构师小白	P0	
		Docker	技术平台	运维小洋	P0	
		容器 1~20	部署	运维小洋	P0	
		服务器 21~26	部署	运维小洋	P0	
		a. html	代码	leader 小明	P0	
		b. js	代码	leader 小明	P0	
		c. java	代码	leader 小红	P0	
	搜索引擎	ES	技术平台	架构师小应	P0	

3.3.2　减少故障，降低影响

接下来就是如何践行技术管理者对稳定性的承诺了，这无外乎两种手段：技术手段和管理手段。提升稳定性的方法见表 3-6。

表 3-6　提升稳定性的方法

手段	项目			
	减少故障		降低影响	
技术	集群	分布式	资源隔离	动态缩扩容
	单元测试	持续集成	监控告警平台	—
	自动化测试	性能测试	日志平台	链路跟踪平台
	持续交付/灰度发布	监控预警	熔断限流降级	—
	统一安全	—	热修复	紧急发布
管理	全流程保障方案	—	故障响应规范	—
	研发规范	测试规范	应急预案	故障处理方法
	数据规范	安全规范	7×24 小时值班	演练
	容量预估	流量预估	大促保障	—
	宽带预估	请求预估	—	—
	7×24 小时值班	巡检	—	—

1. 减少故障

减少故障这一方面，主要强调要有充足准备和万事备份，严格遵守质量规范，做好使用量预估，这里再多的准备都不过分。

(1)技术手段。

①软件设计层面，要保证万事有备份，设计高可用、高性能、可扩展的集群，分布式架构，严格避免单点，保证系统的水平和垂直扩展，绝不能出现单体服务支持50%以上用户的情况。

②编码层面，要保证代码质量，严格遵守研发规范，严格书写单元测试，持续集成。

③测试层面，要保证功能、接口质量，严格遵守测试规范，严格执行自动化测试、性能测试环节要求。

④运维层面，要保证持续交付、灰度发布、快速回滚，并进行严格的监控和预警，以便提前发现问题，提前预警问题，提前应对问题。

⑤安全层面，保证软硬件的安全，统一安全入口，统一鉴权，防止攻击，拦截攻击，应对攻击。

(2)管理手段。

①制定全流程保障方案，各个角色各司其职，严格完成自己的工作。

②制定研发、测试、数据、安全规范，各个角色严格遵守规范，按照规范做事。

③制定容量、流量、带宽、请求等预估，为可能到来的使用量做好准备。

④日常安排7×24值班，定期安排巡检，提前发现问题。

2. 降低影响

降低影响这一方面，主要强调快速响应和资源隔离，严格遵守故障响应规范，做好技术保障。

(1)技术手段。

①技术架构层面，要严格做好业务服务、技术平台、机器资源等各个

层面的资源隔离,并支持动态缩扩容,避免互相影响。

②运维层面,要通过监控告警平台提前发现问题。

③研发层面,要通过日志平台、链路跟踪平台快速定位问题,通过限流熔断降级机制快速解决问题,后续再进行问题修复;通过热修复、紧急发布等上线。

(2)管理手段。

①制定故障响应规范,各个角色各司其职,严格完成自己的工作。

②制定应急预案,持续积累故障处理的方法。

③日常安排 7×24 值班,安排定期演练,加强大促期间的技术保障。

本节从稳定性的角度切入,阐述技术团队该给的基本承诺,这也能代表技术团队的能力好不好。要想做好稳定性承诺,先得制定故障等级标准,根据故障等级标准再制定故障个数标准,无论你愿意与否,故障个数标准就是你的人生目标了,剩下的事儿就是通过管理和技术手段向你的人生目标不断逼近,不遗余力地去兑现你的稳定性承诺。毕竟作为技术管理者,吐唾沫就是钉子是基本的素质,做到这些你就可以认为技术的基本面已经妥妥的了。

读完本节,你就可以有理有据地告诉老板:这是什么级别的系统,承诺的故障个数是多少,没超过这个故障个数,老板就别来骚扰你;超过了这个故障个数,那你就承担应有的责任,这也是你的担当。

作为一个有担当的技术管理者,你肯定不想只停留在技术基本面,肯定还想百尺竿头更进一步,这就是体现技术能力强不强(性能)的事儿了,就在下一节,我们不见不散。

3.4 性能——衡量技术能力强不强的数据指标

技术做得强还是不强,最主要的评价指标就是性能,性能决定产品好不好用。所谓性能就是指技术提供出去的产品、平台、服务、接口,这些东西到底总计能够服务多少用户,能够同时服务多少用户,提供服务的效率和响应时间如何,并将之用前端性能和后端性能表示。同样的,做到这些需要根据产品分级和技术分级进行不同等级的性能承诺,并分层次、分优先级进行保障,使这些产品达到一个高性能的状态,让技术告别“弱不禁风”的日子。

半分钟小故事——你的团队技术能力是否有提升空间

“冠军,我的App平常还挺好用的,用户体验也很好,不会卡顿,不会白屏,但是一到大促期间就会出现这样那样的问题,下不了单、响应变慢等,这些问题出在哪里呢?是不是我的技术团队不够强?”

“老板,大促期间有问题,那是因为流量激增,平时不是问题的问题这时候会暴露出来,这某种程度上说明你的技术团队确实不够强,大促期间需要系统高性能支撑时没有扛住。任凭你的技术团队再怎么雄辩,也胜不过关键时刻掉链子的事实。解决这些问题除了平常多演练之外,还要留出一定的缓冲(buffer),以备不时之需,需要分类、分级、分情况进行承诺和保障。另外,你的App平时是很好用的,这点已经很难得了,值得表扬。”

作为技术管理者,你可能需要经常面对老板提出的上述挑战,也经常会被大促期间技术不给力的表现所困扰。实际上,这些问题背后的逻辑是,你的技术不够强。说句实在话,技术见真章的阶段大体上就是大促的时候,这才是技术放肆秀的舞台。如果在台上的三分钟都没有撑住,真的是功夫没到位,再多的理由都是苍白无力的。

既然技术不够强,技术管理者需要的唯有“书山有路勤为径”了,踏踏实实修炼内功。如上一节一样,解决这个问题还是要讲究战略战术的:分优先级进行性能承诺,最终实现全面提升。广撒网可以,但是要重点培养。

所谓性能是指技术提供出去的产品、平台、服务、接口,这些东西到底总计能够服务多少用户,能够同时服务多少用户,提供服务的效率和响应时间几何。性能是衡量技术能力强不强最关键的指标,用前端性能和后端性能这两个数据指标来表示。

细心的同学会说:“冠军,似乎性能和稳定性是同一个东西,稳定性是服务 100 万个用户时系统的表现,性能是服务 1 亿个用户时系统的表现。”

这么说是有一定道理的。可以认为性能是稳定性的一部分,不过,我更愿意说性能是稳定性的高阶版。如果说,稳定性决定产品是不是可用,那么性能就决定产品是不是好用;如果说,稳定性是颜值和身材,那么性能就是内涵和修养。总之一句话,性能是独立存在的个体。

性能的逻辑与稳定性的逻辑相同,都要分层次、分优先级进行管理。首先要有一个性能的数据标准,然后再通过管理和技术手段去进行保障。性能的标准是什么呢?这个就要从长计议了,我们分三步进行推导。

3.4.1 定义通用的性能规则

依然要根据产品和技术优先级进行定义,通用性能规则见表 3-7。

P0、P1 级系统日常性能的富余量是 20%,大促期间再多 20%。

P2 级系统日常性能的富余量是 10%,大促期间再多 20%。

P3 级系统日常性能的富余量是 5%,大促期间再多 20%。

P4 级系统日常性能的富余量是 0,大促期间再多 20%。

以 P0 级为例解释一下,如果经测算日常并发量 100,那么日常的并发量标准值就要达到 100+100×20% = 120;如果经测算大促期间的并发量是 1 000,那么大促的并发量标准值就要达到 1 000+1 000×20% + 1 000×20% = 1 400。

表 3-7 通用性能规则

系统级别	缓冲(buffer)	
	日常	大促期间
P0	20%	20%
P1	20%	20%

续上表

系统级别	缓冲(buffer)	
	日常	大促期间
P2	10%	20%
P3	5%	20%
P4	0	20%

3.4.2　定义性能的详细数据指标

性能分为后端性能和前端性能。技术平台层和业务中台层用后端性能去表征;前台产品层用前端性能去表征。

1. 后端性能的衡量指标

后端性能的衡量指标为吞吐量和平均响应时间,如图 3-7 所示。吞吐量由 QPS/TPS 和并发数来表征,是指系统同时服务的能力,数值越大表示同时服务能力越强,其中 QPS/TPS 是指一秒钟处理的请求/事务数量,单位是数值;并发数是指系统同一时刻处理的请求数,单位是数量/秒。

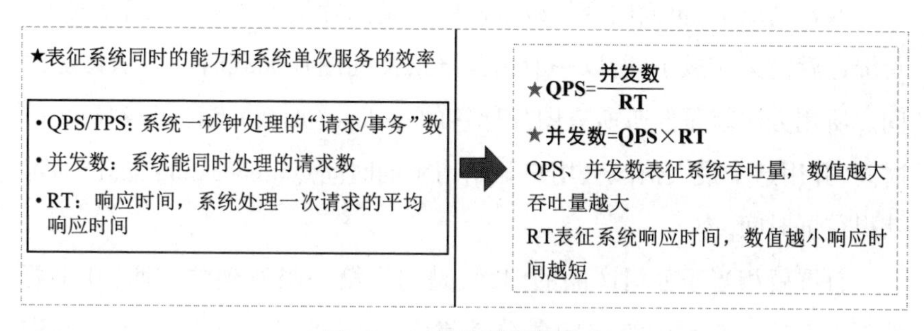

图 3-7　后端性能计算公式

平均响应时间(RT)是指系统处理一个请求的平均时间,单位是时间,数值越小表示响应时间越短,它表征系统处理单次请求的效率。

从小学数学的角度可以看出,吞吐量和平均响应时间两者之间有个简单的换算关系,即:$QPS/TPS=\frac{并发数}{RT}$。

2. 前端性能的衡量指标

前端性能表征用户体验的好坏，以首屏时间和用户可交互时间为主，白屏时间和页面总下载时间为辅来衡量，如图 3-8 所示。

★ 首屏时间=最慢的图片加载的时间

=首屏渲染结束的时间点-用户开始请求的时间点

★ 用户可交互时间=DOM Ready（文档对象模型就绪）的时间

=用户可以进行交互的时间点-用户开始请求的时间点

白屏时间=首要素load（负载）时间

=页面开始呈现的时间点-用户开始请求的时间点

页面总下载时间=页面on load（加载）的时间

=所有资源加载完成的时间点-用户开始请求的时间点

图 3-8　前端性能计算公式

(1)首屏时间。

通常情况下，页面内容加载最慢的就是图片资源，图片加载完成了，首屏也就渲染完成了，所以一般用首屏最慢的图片加载时间表示首屏时间。所用方法就是监听所有图片标签的 on load(加载)事件，找到最大值时间，并用这个最大值减去用户开始请求的时间点(navigation start)即可获得首屏时间。

首屏就相当于公司产品的门面，是用户第一眼看到的东西，其重要性不言而喻。产品的第一印象分就靠它，它很大程度上决定用户的满意度。

(2)用户可交互时间。

一般用 DOM Ready 的时间表示，其值等于用户可以进行交互的时间点减去用户开始请求的时间点。用户看到了首屏，接下来的第一想法就是操作，如果只能看不能操作，基本上也没什么大的用处。

(3)白屏时间。

白屏时间是指多长时间页面开始有要素呈现,一般用首个要素开始加载的时间表示,等于页面开始呈现的时间点减去用户请求的时间点,它和首屏时间一起构筑了页面的第一印象。总不能够让用户打开一个页面,长时间观看一片空白吧?如果是那样,估计用户对公司的App或网站的看法也将是一片空白。

(4)页面总下载时间。

页面总下载时间是指页面所有资源加载完成的时间,即页面的onload时间,其值等于所有资源加载完成的时间点减去用户开始请求的时间点。

3.4.3 制定性能标准

性能规则有了,衡量性能的详细数据指标也有了,接下来就是制定性能的每个数据指标的标准了。

细心的同学会说:“冠军,性能标准很显然是越高越好啊,谁会嫌弃自己的系统性能太高呢?”

这是个好问题,越高越好是没错的,但是还是要视具体情况而定,因为性能越高公司付出的代价就越大。不付出任何代价就能提高性能的情况基本上是没有的。

那怎样制定一个科学的性能标准呢?包括两部分:一是前端性能标准;二是后端性能标准。

1. 前端性能标准

前端性能标准比较好制定,行业中有通用的,也是非常符合常识的标准,如图3-9所示。

第二列,用户体验是很好,此时用户绝不会因为App体验不好而抛弃你的产品。

第三列,用户体验也是好,对用户体验要求很高的用户会因为某些页面的体验而拒绝此产品,但是这部分人的数量是很少的,不足惧也。

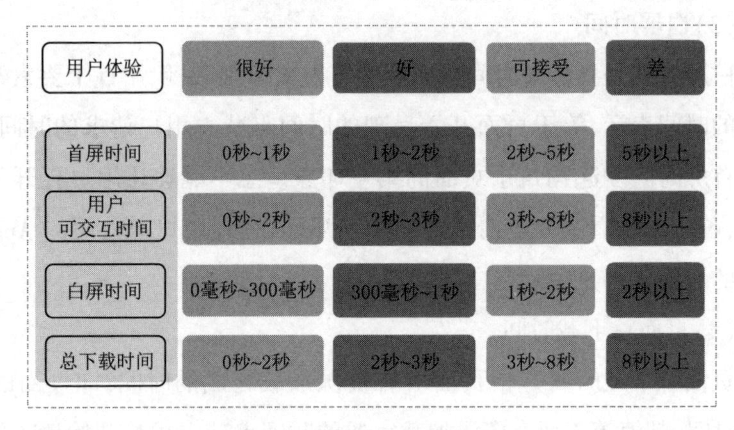

图 3-9　通用前端性能标准

第四列，用户体验只是可接受，此时会有较大部分的用户抱怨你的App做得差，有些用户更会直接对产品说再见，“挥一挥衣袖，不带走一片云彩”。

第五列，用户体验是差，此时，基本上大部分用户都只会用一次，然后头也不回地就卸载了，还会给予鄙夷的眼神。

有了这个通用的性能标准，技术管理者再根据常识、用户心理学等知识不难推导出最基本的前端性能标准，具体见表 3-8。再来详细解释一下：

表 3-8　前端性能标准

系统级别	前端性能承诺			
	首屏时间	用户可交互时间	白屏时间	页面总下载时间
P0	0 秒~1 秒	0 秒~2 秒	0 毫秒~300 毫秒	0 秒~2 秒
P1	0 秒~1 秒	0 秒~2 秒	0 毫秒~300 毫秒	0 秒~2 秒
P2	1 秒~2 秒	2 秒~3 秒	300 毫秒~1 秒	2 秒~3 秒
P3	2 秒~5 秒	3 秒~8 秒	1 秒~2 秒	3 秒~8 秒
P4	2 秒~5 秒	3 秒~8 秒	1 秒~2 秒	3 秒~8 秒

P0、P1 级的产品和系统要满足“体验很好”这个标准，因为这两级的产品和系统是公司的主业，作为技术管理者，你绝不希望自己的主业不

被用户认可。

P2 级的产品和系统要满足“体验好”这个标准，因为 P2 级的产品和系统是公司可以稍微放松的东西，可以允许偶尔的打盹儿。

P3、P4 级的产品和系统要满足“体验可接受”这个标准，这两级的产品和系统是公司的一些“边角料”，某种程度上失去它们也可以接受。

注意，最好不要出现“体验差”的情况，因为毕竟公司不想失去任何一个用户。如果一定要出现，那么请在 P4 级系统上。

根据通用性能规则，在日常情况下，上述前端性能标准就足够了，但在大促期间，请再提升 20%，以做到有备无患。

2. 后端性能标准

后端性能标准相对前端性能标准复杂一些，后端性能分为响应时间和吞吐量两部分，直接见表 3-9。下面详细解释一下：

表 3-9　后端性能标准

系统级别	后端性能标准					
	日常期间			大促期间		
	响应时间	吞吐量		响应时间	吞吐量	
		并发量	QPS/TPS		QPS/TPS	并发量
P0	400 毫秒	峰值×（1+20%）	峰值×（1+20%）	300 毫秒	预估量×（1+20%）	预估量×（1+20%）
P1	400 毫秒	峰值×（1+20%）	峰值×（1+20%）	300 毫秒	预估量×（1+20%）	预估量×（1+20%）
P2	900 毫秒	峰值×（1+10%）	峰值×（1+10%）	700 毫秒	预估量×（1+10%）	预估量×（1+10%）
P3	1.8 秒	峰值×（1+5%）	峰值×（1+5%）	1.5 秒	预估量×（1+5%）	预估量×（1+5%）
P4	1.8 秒	峰值	峰值	1.5 秒	预估量	预估量

（1）响应时间。

后端的响应时间由前端性能标准决定。以下继续以“登录”为例，“登录”页面的首屏时间是500毫秒,那么“登录”所调用的后端接口响应时间就必须在500毫秒以下。如果接口响应时间在500毫秒以上,无论怎样也做不到“登录”页面首屏时间是500毫秒,然后再高出通用性能标准中的20%富余量,即400毫秒,这就是P0级接口的响应时间标准,其他级别同理。这里强调一点,大促期间会再高出20%的富余量,即300毫秒。

(2)吞吐量。

吞吐量的基准值就是QPS/TPS和并发量的日常峰值,再根据通用性能规则,经过计算即可得到不同级别系统的日常吞吐量标准。值得注意的是,在大促期间,一般都要进行使用量预估,所以大促期间是以预估量为基准值的。

3.4.4 提升性能指标

说明白了,性能标准就是技术管理者的工作目标,那么怎么达到这个目标呢?

同样也是靠管理和技术手段。它遵循一个大原则:缺什么补什么,即分为两步:第一步,通过压测摸清现状,明确哪里是短板;第二步,通过管理和技术手段补齐短板,从而达到目标。

要提升性能指标,首先作为技术管理者,你得先摸清楚性能现状,找到现状与目标之间的差距。通常情况下,现状都是低于目标的,如果高于目标,那么恭喜你,你要有更高的追求了。目标有了,现状有了,接下来就是怎么由现状达成目标的过程。

通过管理和技术手段补齐短板这一步又分为:提升前端性能和提升后端性能。下面分别讲述提升前、后端性能的方法,具体见表3-10。

表3-10 提升性能的方法

	提升前端性能	提升后端性能
技术手段	优化代码/架构	优化代码/算法/架构
	合并接口	异步化
	懒加载	后端缓存

续上表

	提升前端性能	提升后端性能
技术手段	CDN	集群/分布式/动态缩扩容
	前端缓存	
管理手段	性能很关键,性能要重视	

1. 提升前端性能

(1)技术手段。

通过技术手段提升前端性能,基础阶段的做法有:①优化代码,这也是无论何时何地,最基础的方法;

②合并接口,减少网络调用,一次能干的事尽量别干两次;

③懒加载,只加载用户看到的部分,因为用户只关心他看到的部分。

通过技术手段提升前端性能进阶阶段的做法有:①引入 CDN(内容分发网络),让更多的资源由更近的服务器提供;

②增加前端缓存,预先加载,预先缓存;

③资源压缩,减少网络传输,减少传输东西等,这些做法都是比较有效的。

(2)管理手段。

技术管理者,对待自己的技术团队要动之以情、晓之以理,让技术人员明白性能是各位同学能不能挺直腰杆的关键所在。

2. 提升后端性能

(1)技术手段。

通过技术手段提升后端性能,基础阶段的做法有:①优化代码、算法、架构,这是最基础的办法,你值得拥有;

②异步化,不需要等待同步处理的结果,让其先继续运行,等有结果了再通知。

通过技术手段提升后端性能,进阶阶段的做法有:①增加后端缓存,让更多的东西从缓存中去拿;②为了增加系统处理能力,也可以通过集群、分布式、动态缩扩容等方法。

(2)管理手段。

提升后端性能的管理手段与前端管理手段相同。

本节从性能的角度切入，阐述技术团队该给的进阶承诺，这也能代表技术团队的能力强不强。要想做好性能承诺，先得制定性能标准，然后摸清楚性能现状，最后管理和技术手段并用，从现状一步一个脚印地走到目标。当你走到目标之日，也就是你扬眉吐气之时，你终于可以昂首挺胸地说一句："强不强？"

读完本节，你就可以有理有据地告诉老板：这是什么级别的系统，什么时段，留出什么样的缓冲(buffer)，承诺什么样的性能。如果性能在这个承诺范围内，那说明你做到位了。超过这个承诺范围，说明你做得很好了。

当然作为一个有追求的技术管理者，你肯定不想只停留在"强不强"的层次，你还想踮起脚尖够一够"棒不棒"这个水平，这就是技术资产的事儿了，就在下一节，我们不见不散。

3.5　技术资产个数——衡量技术能力棒不棒的数据指标

技术做得棒还是不棒，技术本身是否产生了价值，最主要的评价指标就是技术资产。所谓技术资产，就是技术能够完全自力更生产出的价值，例如代码、文档、数据、模型这些基础的原料，或是技术组件、技术平台、技术工具这些经过加工的小成品，或是专利、软著、书籍、文章、开源平台这些创新的东西，再或是 IaaS、PaaS、SaaS 这些集大成的商品，这些就用技术资产个数这个数据指标来表示。

技术本身就是资产，技术所做的所有事情都可以产生价值，技术管理者必须尽力积累技术资产，让你的技术团队达到一个生存与发展兼顾的状态，让技术告别毫无寄托的日子。

半分钟小故事——你的团队技术能力该转换成什么样的技术资产

“冠军，我的技术团队把公司产品做得挺好，很稳定，用户体验也不错，但是我总是感觉差点意思，或许是技术没什么亮眼的表现，或许是没有通过技术驱动一些新的业务，总之技术本身的价值似乎不足。我很忧心。”

“老板，说句实在话，你的技术团队已经做得很不错了，是你要求过高了。其实技术的价值不一定要通过驱动业务去衡量，也不一定通过闪闪亮的东西去衡量，它可以具体到一些基础的东西，比如代码、数据、模型、平台等。技术毕竟是要落地才能体现价值的，越是基础的东西品起来才越够劲儿。某种程度上，技术就是资产，技术做的所有事情都是可以产生价值，看你怎么想、怎么说、怎么用。”

作为技术管理者，你需要经常面对老板提出的上述挑战，也经常会被自己团队的技术表现过于平凡所困扰。实际上，这些问题背后的逻辑是，老板永远会对技术有更高的要求，这不是任何人的错，既然是高科技，自然就要体现极好的水准。这个问题也并不是无解，技术管理者需要做的是，把技术的价值进行细分，并按照资源情况分性价比、分优先级进行持续的积累，以期产出一些技术资产。退一万步讲，积累这些东西至少可以让技术人员心里踏实。当然技术资产除了仰望星空的高阶版之外，还有脚踏实地的基础版，两者都是成绩，都有其不可替代的魅力。

所谓技术资产就是技术能够完全自力更生产出的东西，用技术资产个数这个数据指标来衡量。当然技术资产个数是一个广义的数据指标，每个部分还有细节的数据指标，本节后面会详细讲解。

细心的同学会说：“冠军，既然如此，那技术资产个数一定是越多越好了，谁会嫌弃自己太富有呢？”

道理是这么个道理，但是凡事都要讲究一个性价比，在资源允许的范围内固然是越多越好，但在资源有限的前提下，就是要好钢要用在刀刃上了，要把有限的资源用在主业务上。技术管理者要在宏观上对技术资产的投入想清楚,在主观上重视起来,然后再采取灵活机动的战略战术,不能拘泥于传统,也不能流于形式。

如何将有限的资源在公司主业务和技术资产上合理地分配,这要分三步:第一,树立并宣传贯彻技术就是公司资产这个观念,要让大家知道技术是会创造价值的。第二,梳理技术资产的层次和部分,做到从全局视角掌控技术资产。第三,制定打磨技术资产的策略,想清楚你要先打磨哪些技术资产,后打磨哪些技术资产,投入多少资源等。

3.5.1 树立技术资产观念

在大部分公司眼中,技术都只是投入,对待投入就两字"节省"。只要公司在此氛围下工作,任凭技术管理者说得再好听,也难从根本上扭转公司的颓势,所以请不遗余力地把观念、氛围转变过来。

这做起来有点困难。第一步,作为技术管理者,你自己要先转变过来,必须要坚信技术是优良资产。第二步,想方设法让公司也转变过来,方法也不是很难,要说和做相结合,循序渐进。

3.5.2 梳理技术资产层次和部分

技术资产不单指技术创新类的东西或技术驱动出来的业务,一般来说,除了这些,技术资产还包括技术基础资产、技术服务资产,这两类才是技术资产的重点。技术资产分为四个层次:技术基础资产、技术服务资产、技术创新资产、技术商品资产,见表 3-11。

表 3-11 技术资产层次

技术商品资产	IaaS	PaaS	SaaS	—	—
技术创新资产	专利	软著	书籍	文章	开源
技术服务资产	技术组件	技术平台	技术工具	—	—
技术基础资产	代码	文档	数据	模型	—

这是在本章第 1 节技术二维表的基础上加了一个技术商品资产。

1. 技术基础资产

技术基础资产是指代码、文档、数据、模型这些原料类的东西，是技术的基本面，只要做技术工作就会产出这些东西，是技术的一种积累和传承。

(1)代码是技术最直接的产出，无论是产品功能，还是运营工具，抑或是技术平台，最终都要通过代码实现。如今，一些老牌 IT 企业都开始卖代码获利了，说明代码真的是有价值的。不过值得注意的是：有效的代码是资产，无效的代码只能是垃圾。

(2)文档被有的团队奉为神明，但有的团队却视其为鸡肋，其实都没必要，技术管理者需要做的是要正视它。如果没有概要设计和详细设计文档，那么技术人员写的代码基本上只有自己能看懂，假如变动了代码也将随风而逝，代价很大。花一点点时间画个简单的设计图，写个简单的详细设计文档就能避免此类事件，何乐而不为呢？

(3)数据可以说是和代码旗鼓相当的存在。数据与行业结合，再辅以分析、计算、挖掘等手段，便会产生无穷多的价值。深度挖掘数据价值已经成为各个行业的重中之重。如果一个技术人员在某行业有几个 TB (太字节)、数百个维度的数据，那么他一定会成为香饽饽的。

(4)模型同样需要和行业结合，当然还要通过数据去验证、优化，之后沉淀下来的模型才是有价值、有意义的。

通过技术资产的这一层面，技术将不再只是技术，它将成为资产。技术最基本的工作所带来的东西都是有价值的，所以技术绝不只是大自然的搬运工。

2. 技术服务资产

技术服务资产是指技术组件、技术平台、技术工具这些小成品类的东西，是把代码、设计等经过加工而形成的一些供运营、产品、开发使用的标准规格的成品，这一层主要是为了工作提效，把运营、产品和技术的经验系统化成工具，提高运营、产品和技术的效率。

(1)技术组件：是前端技术比较关注的，理论上只要是可以复用的按钮、文本框、图片框、页面等都应该封装成组件。封装是为了积累更多的积木,以便技术人员搭出更多的城堡。

(2)技术平台:是后端技术比较关注的,理论上,只要是完成通用功能的技术域平台都应该提炼成技术平台,以便技术人员站在小巨人的肩膀上事半功倍,避免重复造轮子。

(3)技术工具:是运营和产品等比较关注的,理论上,只要能够帮助运营和产品提升效率的工具,都可以做成技术工具,以便运营和产品降本增效。

通过技术资产的这一层面,公司的技术资产可以说是小有成就了。将技术的原料稍微加工一下,就能够促进业务,技术管理者再也不要妄自菲薄了。

3. 技术创新资产

技术创新资产是指专利、软著、书籍、文章、开源这些创新类的东西,这是大家通常认知下的技术资产,本节开头的老板也是如此认为的,这一层主要是为了展示技术的创新能力,只要有产出,不需要太多解释,就可以展示技术价值。经此一层,公司的技术资产已经凸显了,团队技术在行业中、公司中都会有一定的名气,技术也将成为一个传道授业解惑的存在。

4. 技术商品资产

技术商品资产是指 IaaS、PaaS、SaaS 这些集大成的商品类的东西,这其实需要公司的业务战略与此对齐,尤其 IaaS、PaaS 层面的商品基本上都产自公有云的服务商。广义上讲,技术团队提供的 App、Web 等都算是一种 SaaS,所以某种程度上,技术基础资产中所做的事情,都是在提供技术商品给用户使用。

通过这一层面,公司技术资产水到渠成的结果就是技术商品资产,如果事实并非如此,技术管理者就要深度思考公司的战略问题。

3.5.3 打磨技术资产的策略

打磨技术资产要遵循的大原则,永远都是在不影响主业的前提下进行技术资产的打磨,千万不要本末倒置。具体应该怎么打磨不同的资产技术,应该投入多少资源,应该用什么指标衡量,见表3-12。不要小看这张表,它可是“居家旅行必备”。

表3-12　技术资产投入资源计算公式

技术资产	资源投入	分配原则	计算公式
技术基础	70%	70%	(技术+商品)合并计算
技术商品			
技术服务	>20%	30%	不低于(平台+创新)的50%
技术创新	<10%		不超过(平台+创新)的50%

对这张表稍做解释:

(1)技术基础资产与技术商品资产一起占用公司70%以上的技术资源;

(2)技术服务资产和技术创新资产一起占用公司不超过30%的技术资源,其中技术服务资产投入不低于30%中的三分之二,技术创新资产投入不高于30%中的三分之一。

1. 打磨技术基础和技术商品资产策略

技术基础资产是技术最基础的资产,至关重要;技术商品资产以及其他技术资产都是由技术基础资产延伸出来的,所以技术基础资产投入最多的公司资源是再正常不过的。接下来详细解释70%的技术资源具体该怎么分配到技术基础资产和技术商品资产上,见表3-13。

表3-13　技术基础/商品资产投入资源计算公式

技术基础资产	资源投入	子分配原则	父分配原则	计算公式
代码	46. 55%	70%	70%	70%×70%-文档资产投入
文档	2. 45%			不超过(代码+文档)的5%
数据	14. 7%~16. 8%	30%		30%×70%-模型资产投入
模型	4. 2%~6. 3%			占(数据+模型)的20%~30%
技术商品资产	一切都是为我服务	—		—

(1)代码资产是技术最基本的资产。衡量代码资产大小的数据指标

是有效代码行数。所谓有效，一方面，以标准人天做参照系，设定 1 个 P6 级别的技术人员 1 个标准人天产出有效代码是 200 行，那么根据标准人天系数，不同级别的技术人员分别是 200 行代码以内就被认为是有效的。另一方面，对数据异常的选手进行抽样的代码复盘来评估有效性。总之不要随意写，随意写一定会被秋后算账的。

代码行数这个事情一定会有很多人嗤之以鼻，但是我认为，既然是技术，务必要把赖以生存的代码管理好，如果连代码都管理不好或者不做管理，那遑论其他，因此这部分的资源投入是 70% 技术资源中的 70%，计算下来是 46.55% 的技术资源。

(2) 文档资产是为了技术传承的资产，衡量文档资产大小的数据指标是高质量文档个数。

此处解释下何为高质量：第一，文档要言之有物，就是要解释清楚所编的接口、做的页面、写的功能是干什么的，让别的技术人员对照文档看代码就能明白你代码的逻辑、思路、方法。第二，文档要简单明了，就是要用最简单直接的语言描述技术人员的设计、架构、逻辑，最好不要有多余的词语。第三，时间上要尽量短，写文档的时间应控制在写代码时间的 5% 以内，计算下来是 2.45% 的技术资源，超过这个时间的文档写得再好也是低质量的。

(3) 数据资产是为了深度挖掘价值的资产，是公司的运营、产品、技术，甚至是经营能否进入数字化时代的基础，因此数据的价值可以非常大。衡量数据资产大小的数据指标是数据量和数据维度，两者都达到一定的标准，以数据为基础进行的分析决策才会是大概率正确的，因此在工作中，技术管理者一方面需要收集尽量大，包括 TB、PB（千兆字节）级别的数据；另一方面需要收集尽量全（包括经营数据、业务数据、技术数据）的数据，让数据分析达到准确和全面。

数据资产和模型资产的资源投入是 70% 技术资源中的 30%，可见其也是非常重要的存在。因为数据是模型体现价值的基础，没有数据的模型只是空中楼阁，因此其中数据资产的投入又占大头，不低于 70%，计算下来就是15%左右的技术资源。

(4)模型资产是以数据为基础,与行业相结合,构建一些优化业务效果的资产。衡量模型资产大小的数据指标是个数,计算下来是投入5%左右的技术资源去做。

(5)技术商品资产,是在市场大浪中给用户提供服务的商品,用功能性、稳定性和性能来衡量。之所以拿它与技术基础资产合并讲解,是因为技术基础资产都是在为技术商品资产服务,最终也一定要为技术商品资产服务,否则无异于要流氓。两者是密不可分的,单一去看都不成立,可以认为技术基础资产一直在为技术商品资产作嫁衣。

2. 打磨技术服务资产策略

技术服务资产是为了提效的资产。技术工具是为了给运营和产品提效的,因此这部分的投入会多些,占比70%左右;技术组件和技术平台是为了给技术提效的,因此这部分的投入会少些,占比30%左右。

技术工具会大概率地依赖技术组件和平台,例如,营销工具肯定要依赖H5的积木组件,所以技术工具和技术组件平台这两部分没有明显的界线,对技术组件资产的投入还是会支持技术工具资产的。总体上来看,给前台运营使用的投入越多,给后台技术使用的投入就越少,运营、产品、前端技术、后端技术这四者遵循一个线性递减的逻辑,见表3-14。

值得注意的是:技术平台资产相对来说比较成熟,通常情况下技术人员只要拿来用就够了。当然如果你觉得Redis做得很烂想自己搞,觉得Mysql做得很挫想自己做,那也没人拦你。

表3-14 技术服务资产投入资源计算公式

技术服务资产	资源投入	子分配原则	父分配原则	计算公式
运营工具	8.00%	40%	20%	20%×40%
产品工具	6.00%	30%		20%×30%
技术组件	4.00%	20%		20%×20%
技术平台	2.00%	10%		20%×10%

3. 打磨技术创新资产策略

按照专利、书籍、开源、软著、文章的顺序，其价值由大到小，难度也由大到小，从整体上来说，对它们投入的资源尽量控制在技术资源的10%以内。在诗和远方这件事情上，技术团队只要稍做尝试就可以了，不要过于执着。在这里我强调一点：可以大力做技术创新，但是请接受并承担有可能"竹篮打水一场空"的风险，因为技术创新打水漂是大概率事件。

本节从技术资产的角度切入，阐述技术团队该体现价值的地方，这也能表现出技术团队的能力棒不棒。技术是资产，技术做的任何事情都会带来价值，看你怎么想、怎么说、怎么做了。无论如何，技术团队都要先在意识上转变过来，再持续打磨技术资产，以期不断升值。

读完本节，你就可以有理有据地告诉老板：技术团队的价值点都在哪里，不要总是浮在表面去看待技术，以免丢了西瓜捡芝麻。

细心的同学会说："咦，冠军，之前你讲了技术团队是资产，这一节又讲了技术也是资产，我怎么有一种技术实际上是高富帅的即视感呢，是我在梦里么？"

你在不在梦里我怎么知道？无论如何，我一直坚信技术就是很帅气的存在。世界上本不缺乏美，缺乏的是发现美（技术）的眼睛。

本章小结

到此，本章也告一段落了，技术的管理讲清楚了。本章围绕技术二维表（技术范围、技术层次）展开，技术优先级、技术稳定性、技术性能是从纵向的角度详解技术基本面的管理；技术资产是从横向的角度详解技术资产的管理。通过稳定性、性能和技术资产个数这三个指标，技术的情况对于你来说是如数家珍了，你可以有条有理地和老板谈古说今，但是你觉得只是这样自己就很优秀了，对吗？很显然还差得远。你还需要更有价值的东西，等你稍微整理行装，我们再出发吧。

有没有注意到本章中对技术商品资产的讲述颇为寥寥,这是很正常的现象,因为技术商品资产压根儿就不属于本章的范畴。但技术商品资产又是“技术到底是骡子还是马”最为关键的点,既然如此重要,必须单独一章才能以示对其的尊重,对吗?不卖关子了,下面将进行一章的技术商品资产的讲述,技术商品资产说明白了就是技术支持业务的价值,就在下一章,我们不见不散。

第4章

两个数据指标衡量技术支持业务

要想让技术在生产中发挥价值,最直接有效的就是把业务支持好。如果说技术和团队的能力是台下的十年功,那么技术对业务的支持就是台上的一分钟。台下十年功很重要,台上一分钟更是关键。

本章聚焦技术支持业务的管理,从技术支持业务的指标(质量和效率)入手,详细讲述如何量化技术支持业务的范围、层次、分级以及如何量化技术支持业务的价值。读完本章,技术管理者会对技术支持业务的方方面面都一清二楚。

4.1 功能稳定性性能——技术支持业务的质量

技术有没有生产价值,最直接的表现就是技术对业务的支持好不好,而衡量技术支持业务好不好的第一指标就是质量。所谓质量就是技术交付的需求与产品,它分为功能性、稳定性和性能三个方面,主要用缺陷个数与需求个数的比值来衡量,比值越小表示质量越好;还有一个辅助的数据指标是缺陷修复时长,修复时长越短表示质量越好。技术管理者需要在资源有限的情况下,按照业务优先级来进行交付产品或需求,对技术交付出去的需求做好功能性、稳定性和性能三个方面的支持,达到一个技术出品必属精品的状态,让技术告别粗制滥造的日子。

半分钟小故事——技术对业务有没有价值

“冠军，我的业务、运营和产品经常投诉技术团队支持不到位，要么是排期很久才上线，要么是打折版的功能上线，要么是上线的功能经常出这样那样的问题，总之就是觉得技术团队没有给予业务应有的支持，这个事你怎么看？”

“老板，听上去是你的技术团队支持业务的质量有所欠缺。具体原因是多方面的，有的是在功能性的正确和完整上没有做好，有的是在稳定性的健壮和易恢复上没有做好，有的是在性能的易操作和高效率上没有做好，这就需要具体问题具体分析了。但是，造成这个问题得原因，可能是你的业务团队对技术团队有误解，而你的技术团队又没有解释清楚。”

作为技术管理者，你需要经常面对老板提出的上述挑战，也经常会被业务的各种投诉所困扰。实际上，这些问题背后的逻辑是，团队的技术支持业务质量不到位，无论是需求的功能性有所打折，还是需求的稳定性有所不足，或是需求的性能有所欠缺，这些都是质量不到位的表现。毫不夸张地讲，质量就是衡量技术支持业务好不好的第一指标，它用缺陷个数与需求个数的比值这个数据指标来衡量。当然这是一个广义的数据指标，每个部分还有细节的数据指标。技术管理者需要做的是按照业务优先级进行功能性、稳定性和性能的全面质量提升，以期满足业务、运营、产品的诉求。

细心的同学会说：“冠军，作为技术管理者，我当然想抓起来质量，但是效率和质量不可兼得，追求了效率自然就会损失质量，追求了质量也自然会损失效率。通常情况下，技术团队都是火急火燎地在赶进度，无暇顾及质量。”

这种说法我真的不敢苟同，很显然只有快是远远不够的，如果一个技术产品错误频出，对用户的伤害是非常大的，从而也会伤害公司的利益，后果会非常严重。一个技术产品，可以牺牲其美观性、易用性等，但是其功能本身的质量是绝对不能够牺牲的。如果把一个半吊子功能扔到线上去,那真的是太不负责任了,这一点一定要切记。

产品质量压倒一切这一观点,我想公司上下应该可以达成共识,作为技术管理者,你也可以省去向公司上下宣传贯彻的这个步骤了。但由于技术资源永远是有限的,所以提升技术支持业务的质量也依然要采取灵活机动的战略战术,这里分为三步:第一,梳理业务需求优先级,知道哪些该先支持,哪些可以后支持;第二,框定质量的范围和层次,知道质量涉及哪些部分;第三,设定衡量质量的数据指标,并持续提升,知道做什么、怎么做。

4.1.1 梳理业务需求优先级

此处的优先级与上一章所讲的产品优先级是不同的。产品优先级是由产品上线后的真实表现决定的,其决定优先级的三要素是:公司什么业务赚钱,公司服务的客户是谁,公司产品的用户是谁,这完全是结果导向。

而业务需求优先级更多的是由老板、业务、运营、产品、技术对业务的预测决定的,类似经验导向。通常情况下,其优先级的确定,更多地考虑投资人/董事会、竞争对手、业务人员、运营/产品人员的声音,公司业务人员的权重对业务需求优先级的影响反而会比较低。

1. 投资人/董事会的声音

这一般是投资人/董事会根据各种信息,从商业、市场的角度制定出来的需求,会由老板来直接下达命令。他们所表达的需求绝大多数是高优先级任务,直接 P0 级,没有什么好讨价还价的。

2. 竞争对手的声音

这一般是业务人员根据竞品调研,再结合自己的经验而得出来的需求,会由产品传达,也是高优先级任务,一般是 P1 优先级。

3. 公司业务人员

这一般是业务/运营人员提出,并与产品梳理整合后的需求,会由产品传达，一般是次高优先级任务，为 P2 优先级。

细心的同学会说："冠军，这个业务需求优先级的定义方式似乎不合理，难道不应该是公司业务人员这一层面在决定需求优先级上是第一权重的吗？"

其实，业务需求优先级本身就类似于摸着石头过河，谁也没有办法百分百给出合理的评估。老板是需要向资本和市场讲故事的，所以更多关注投资人、董事会、市场；业务人员、运营人员和产品经理是要充分体现自己价值的，所以更多关注竞争对手和自己的经验；而技术管理者是搞技术的，更多关注逻辑的合理性。无论如何，所有人都是为公司好。

总之，业务需求优先级没有统一的答案，甚至不同时间、不同场景下优先级都会发生变化，但是作为技术团队的管理者，依然要有一个策略去定义优先级，否则就乱套了。

4.1.2 框定质量的范围和层次

业务需求优先级梳理好之后，为了更高质量地交付业务需求，接下来技术管理者就是要清楚技术支持业务的质量包括哪些东西。本书把质量分为三个层次：功能性、稳定性和性能，见表 4-1。接下来详细讲解一下：

表 4-1 技术支持业务的质量

层 次	范 围		描 述
性能	易操作	高效率	爱用
稳定性	健壮	易恢复	好用
功能性	正确	完整	可用

1. 功能性

功能性是可用层面的事情，是业务需求质量的基本面，必须百分百满足，它是指产品功能能够正确和完整地完成既定的事情。如果一个产品连其功能都实现不了，还谈什么其他呢？功能性包括正确性和完整性这两个方面。

(1)正确性。

正确性是指技术交付的业务需求满足产品需求文档中所描述的功能的程度,程度越高正确性越好。理论上,正确性不过关或打折的产品需求是不允许上线的,如果上线,除了伤害用户之外别无他用。例如,某支付公司做了一个统一账户的功能,产品本意是,统一账户之后,所有的支付动作、账户余额都通过统一账户去管理,但由于种种原因,实际上却是不同的渠道使用不同的账户,每次都需要进行实名认证这个操作,结果上线之后不但没有提高用户留存和月活量,反而造成了很多用户的流失,可谓赔了夫人又折兵。

(2)完整性。

完整性是指技术交付的业务需求在产品功能和数据、风控、安全等技术上的完整程度,程度越高完整性越好。理论上,产品功能是要闭环的,技术是要全面的,顾头不顾尾是万万要不得的。如果达不到完整性,千万不要上线,上线除了给自己挖坑之外别无他用。例如,某电商公司上线一个优惠券抢购功能,但是没有做风控和安全,结果被刷得凄惨无比,损失惨重。

2. 稳定性

稳定性是一个产品或需求好用层面的事情,是仅次于功能性的一个存在,它是指在绝大部分时间内,产品功能要能够提供服务,不能一会儿打盹一会儿小憩。但凡公司有一点点余力,都必须要满足产品的稳定性。稳定性包括健壮性和易恢复性。

(1)健壮性。

健壮性也被称为容错性,就是技术交付的业务需求在软硬件异常、数据异常、操作异常等情况下能够作出合理响应的程度,程度越高表示健壮性越好。理论上,健壮性不好的功能上线之后会引起用户投诉,这需要公司谨慎为之。举个例子:在删除交易订单这个功能上,一般都是先通过 App 提示用户是否删除,再用手机验证码确认是否删除,经过再三确认后才进行删除,并提供在一定的时间段内恢复的功能。

(2)易恢复性。

易恢复性是指系统出现故障了之后能够进行恢复的程度,恢复程度越高,恢复时间越短,表示易恢复性越好。理论上,只要能够在很短的时间内恢复故障的功能,那么就可以做到零故障,这是多么优秀的稳定性表现啊。举个例子:当大促开始时,在摇一摇这个场景上,流量激增,9 台服务器瞬间扛不住了,此时先进行限流操作,然后在 5 分钟内动态扩容 9 台服务器,安然度过大促。

3. 性能

性能是用户爱用层面的事情,是仅次于稳定性的一个存在,它是指产品功能要能够快速地同时服务一定的用户量。公司但凡再有一点点余力,也是要满足产品的性能的。性能包括效率和吞吐量,这与上一章第 4 节的技术性能含义基本一致,差异点就在效率这一部分。此处的效率一层含义是单次服务的响应时间,还有一层含义是资源使用的效率,如 CPU(中央处理器)、内存、磁盘、带宽等。例如:完成预定的功能,提供同等的服务能力,小明的方案使用 4 台机器,CPU 和内存使用率在 20% 左右;小红的方案使用 2 台机器,CPU 和内存使用率在 40% 左右,那很显然使用资源少的小红的方案是更佳的。

4.1.3 设定衡量质量的数据指标

接下来详细讲述技术支持业务质量的数据指标。

衡量质量的数据指标很简单直接,就是用缺陷个数与需求个数的比值来表示,比值越小表示质量越好。

细心的同学会说:“为什么只用一个指标就能够衡量质量的功能性、稳定性和性能?”

所谓大道至简,我一直坚信越是简单的东西越是精髓。以下继续从小学数学的角度,分两步解读计算质量得分的逻辑。

质量得分是功能性得分、稳定性得分和性能得分三者合一的综合得分，分别用缺陷个数与需求个数的比值来计算，权重分别是 50%、30%、20%，具体见表 4-2。计算公式如下：

质量得分=性能得分×20%+稳定性得分×30%+功能性得分×50% (1)

表 4-2 质量得分一级因子计算公式

得分计算公式	因子	因子计算逻辑	权重
质量得分= 性能得分×20%+ 稳定性得分×30%+ 功能性得分×50%	性能得分	性能缺陷个数/需求个数	20%
	稳定性得分	稳定性缺陷个数/需求个数	30%
	功能性得分	功能性缺陷个数/需求个数	50%

性能得分、稳定性得分和功能性得分又分为日常得分和线上得分，见表 4-3。

表 4-3 质量得分二级因子计算公式

得分计算公式	因 子	因子计算公式	权 重
性能得分 =日常得分×20%+ 线上得分×80%	性能日常得分	测试性能 bug 个数/技术需求个数	20%
	性能线上得分	线上性能故障个数/产品需求个数	80%
稳定性得分 =日常得分×20%+ 线上得分×80%	稳定性日常得分	测试稳定性 bug 个数/技术需求个数	20%
	稳定性线上得分	线上稳定性故障个数/产品需求个数	80%
功能性得分 =日常得分×20%+ 线上得分×80%	功能性日常得分	测试功能性 bug 个数/技术需求个数	20%
	功能性线上得分	线上功能性故障个数/产品需求个数	80%

(1) 日常得分用测试 bug 个数与技术需求个数的比值来表示，权重是 20%。切记，此处的技术需求个数是经过技术拆解的技术侧需求个数。

(2) 线上得分用线上故障个数与产品需求个数的比值来表示，权重是 80%。切记,此处的产品需求个数是产品提过来的需求个数。

综上,以功能性得分为例,计算公式如下:

$$功能性得分=\frac{测试功能性\ bug\ 个数}{技术需求个数}\times 20\% + \frac{线上功能性故障个数}{产品需求个数}\times 80\% \quad (2)$$

公式(1)和公式(2)两个计算公式整合在一起,就能够分分钟计算出质量得分了。这里强调一点:任何时候任何场景,都是功能性以及线上的故障占最多权重,这个毋庸置疑。

那么怎样把质量提上去呢?根据上述公式可以得出两个办法:一是减少 bug 个数;二是减少故障个数。这两条路均是强依赖产品、测试和技术人员的配合,需要从功能性、稳定性和性能这三个方面考虑,也需要遵循尽量减少缺陷个数和缩短缺陷修复时长两个大原则。当然这两种办法也是相辅相成不可分割的,技术管理者要让团队人员平时养好习惯,关键时刻才能稳定输出。关键时刻发挥得越好,平时就会更加高标准严要求。

1. 减少测试 bug 个数

(1)严格遵守开发和设计规范,包括高可用、高性能、高扩展等,提高编码质量,提高提测功能的质量。

(2)严格书写并执行测试用例,包括产品正确性、产品闭环、产品异常情况、技术完整性、技术故障恢复、技术流量预估等。

(3)严格书写单元测试,严格执行自动化测试手段,尽量用 20% 的时间把 80% 的 bug 前置发现和解决。

2. 减少线上故障个数

(1)严格执行"减少测试 bug 个数"的所有事情,减少漏网之鱼游到线上,做到只要有技术管理者在的每一天,质量就是绝不允许妥协的一种存在。

(2)严格执行测试验收和产品验收环节,技术人员对自己负责的产品一定要具备极强的口碑意识,自己交付出去的东西是自己的脸面,要做到不交则已,一交惊人。

(3)做好全流程保障,做好监控预警,做好应急预案,做好持续集成持续交付,故障早发现早解决。

细心的同学会说:“冠军,你讲了怎样衡量质量,怎样提升质量,但是并没有讲要做到什么程度。”

坦白讲,提升质量是没有尽头的,质量是没有最好只有更好的一个存在。如果一定要给质量定义一个目标,可以参照上一章第 2 节中讲述的故障个数标准。整体上,质量的目标都需要优于故障个数标准,才能够达成故障个数标准,见表 4-4。如果一个产品出现了缺陷,技术人员在尽量短的时间内修复缺陷,让用户无感知,这也是技术支持业务质量好的一个表现。因此,缺陷修复时长也是衡量质量的一个辅助数据指标;在缺陷数量相同的情况下,修复缺陷时长越短,那么质量就越好。

表 4-4　故障个数标准

业务等级	标　　准
P0	不超过 2 个/年
P1 以上	不超过 3 个/年
P2 以上	不超过 9 个/年
P3 以上	不超过 18 个/年

本节从技术支持业务的质量角度切入,阐述技术团队支持业务团队第一优先级该做的事儿。技术支持业务的质量包括功能性、稳定性和性能三个部分,通过管理和技术手段持续提升三者并减少缺陷个数,需要技术团队全力以赴、使命必达。

读完本节,你就可以有理有据地告诉老板:技术团队对业务的支持第一优先级该做点啥。只要达成这样的共识,那以后业务再进行非第一优先级的投诉,至少你是可以去说道说道的,不至于哑巴吃黄连,有苦说不出。

当然,有第一优先级就有第二优先级,第二优先级的事儿是什么,该怎么去做呢?这技术支持业务的效率范畴,就在下一节,我们不见不散。

4.2 交付效率——技术支持业务的效率

技术有没有生产价值,最直接的表现就是对业务的支持好不好。而衡量技术支持业务好不好的第二指标就是效率。所谓效率,就是技术交付需求的时间与产品期待的时间相一致的程度,它分为按时交付、提前交付和延后交付三个层面。用完成技术需求的个数与接收技术需求个数的比值来衡量,比值越大表示效率越好。技术支持业务的效率说白了就是"老大难"的排期问题,同样技术管理者需要在资源有限的情况下按照业务优先级来进行交付,交付的时间点尽量往前赶,达到一个"今朝有需求今朝完成"的状态,让技术告别被压排期的日子。

半分钟小故事——技术对业务的价值有多少

"冠军,我今天向技术团队提了一个需求,非常简单的需求,就是改一个营销活动的流程和步骤,并可以在朋友圈分享给特定人群。结果CTO告诉我要两周时间,技术团队有50个人呢,为什么效率这么低?"

"老板,先别急,我给你简单算笔账。或许你提的这个需求要拆解成50个技术需求,而实际上做这个需求的人只是负责营销系统的3个人,他们3个人加一起做两周的时间是30个人天,30除以50,也就是0.6天完成一个技术需求,这真的不是一个效率低下的表现啊。话说,你是不是对效率低下这个词有什么误解呀?又或是你的CTO没有向你解释清楚?"

作为技术管理者,你可能经常面对老板和业务人员提出的上述挑战,也经常被技术支持业务的效率问题所困扰。实际上,这些问题背后的逻辑就是,老板希望技术团队能够高效率完成所有业务需求,越快越好。那对于技术团队的管理者来说,在技术资源有限的情况下,无论如何还是需要按照业务优先级去尽快交付业务需求。当然还需要找到一个量化指标,来衡量技术支持业务的效率,并持续不断地提升这个值,依此来客观解释一个需求需要两周是客观的事实。技术并不是魔法师,不是想要啥就有啥,必须要尊重技术工作的科学性。

到底什么是技术支持业务的效率呢?说得直白点就是一句话,即业务人员提到技术侧的需求,按时交付了多少,提前交付了多少,延后交付了多少,用完成需求个数与接收需求个数的比值,这个数据指标来衡量。当然这是一个广义的数据指标,每个部分还有细节的数据指标,本节后面会详细讲解。

效率在软件行业很重要,尤其是互联网行业,效率更是被极度重视的一个存在,小步快跑、敏捷开发、MVP 版本(产品设计中的第一个版本)、先上线再迭代优化等强调的都是快,也就是传说中的效率。"快"俨然就是互联网行业的终极奥义。本着"天下武功唯快不破"的原则,技术出活够快的确是非常有说服力的,但前提是不能大故障小问题层出不穷,所以,追求效率的同时一定要兼顾质量,两者是缺一不可的,少哪个都差点意思。

细心的同学会说:"冠军,你说得很有道理,不过,到底该怎么做才能够兼顾质量和效率,我觉得这基本上是不可能完成的任务。"

无论难度有多大,作为技术管理者,你依然要尽最大努力去创造一些正确的奇迹。P2 级的兼顾不了,就兼顾 P1 级的;P1 级的兼顾不了,就兼顾 P0 级的;P0 级的兼顾不了 10 个,就兼顾 5 个。总之,必须要兼顾。质量很好但是一年只做一个需求不行,效率很好但是故障一大堆也不行。

"效率很重要,但是在追求效率的同时一定要兼顾质量"这个观点,在公司上下应该是可以达成共识的,不需要技术管理者再对公司各个层面进行宣传贯彻了。接下来本节采取非常帅气的战略战术去实现效率和质量兼顾,依然分为三步:第一,梳理业务需求优先级,让技术管理者清楚哪些该先支持哪些可以后支持;第二,框定效率的范围和层次,知道效率涉及哪些部分;第三,设定衡量效率的数据指标,并持续提升,知道做什么、怎么做。

4.2.1 梳理业务需求优先级

这一部分与上一节中业务优先级完全一致,不作赘述。这里只强调一点,技术管理者一定要按照优先级去做,因为技术资源永远是有限的。

4.2.2 框定效率的范围和层次

业务需求优先级确定了,接下来技术管理者就是要清晰地了解技术支持业务的效率包括哪些东西,知道了范围才能够进行后续具体工作的执行。本书把效率分成三个层次:按时交付、提前交付和延后交付,如图 4-1 所示。

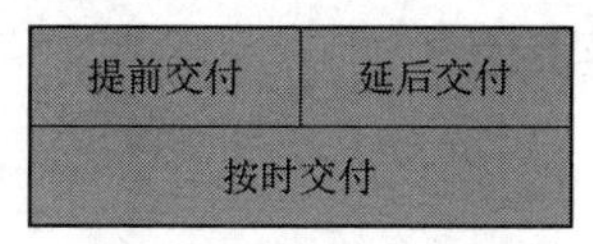

图 4-1 效率三层次

1. 按时交付

按时交付就是按照老板、业务人员、运营人员、产品经理的时间要求,保质保量地进行交付,这种交付方式可以说是业务侧人员非常喜欢的了,谁会不喜欢自己的要求被按时完成呢?但是业务侧人员喜欢归喜欢,技术侧人员还是要按照实际资源情况进行承诺,一定不要过度承诺。过度承诺会把技术人员推向万劫不复的境地,切忌。

细心的同学会说:"冠军,关于过度承诺这个事儿我有话要说,谁都不想过度承诺,但是在老板、业务人员、运营人员、产品经理的轮番轰炸下,一般人也扛不住啊,莫名其妙地就同意了。"无论任何原因、任何场景,技术管理者都要尊重技术的科学性,按照客观工作量评估,该是几天就是几天。如果技术人员自己都不尊重自己的工作,那么其他人更没有理由尊重技术人员的工作,最后受苦的还是技术人员自己,一定要谨慎为之。

2. 提前交付

提前交付就是在业务侧人员要求的时间之前进行交付,这种交付方式可以说是业务侧人员更加喜欢的,毕竟提前交付的确是会给人小小的惊喜,但是请注意一点,技术侧人员一定不能很多需求都是提前交付,技术管理者要掌握这个度。

细心的同学会说:“冠军,我觉得技术人员经常会给自己增加一些缓冲,这也是很必要的,一来可以应对需求变化,二来不把自己逼得太紧,那由此自然会发生一些提前交付的情况,这是很正常的情况,为啥要掌握度呢?”

确实不是那么严重,但是缓冲也是要有个限度的。如果缓冲太多,一来,会让业务侧人员心里打鼓,慢慢丧失对技术人员的信任;二来,会让自己的技术人员像被温水煮的青蛙,慢慢丧失竞争力,最终受苦的还是技术人员自己,也要谨慎为之。

3. 延后交付

延后交付就是在业务侧人员要求的时间之后进行交付,这种交付方式是业务侧人员很不愿意看到的,也是技术差劲的一种表现。在低优先级的需求上或许还能够接受偶尔的延后交付,但是在高优先级的事情上,延后交付要尽量控制在零,因为绝大多数高优先级的事情都是关乎公司生死存亡的,一个延后交付有可能带来一连串的连锁反应,不可不察。

4.2.3 设定衡量效率的数据指标

接下来详细讲解技术支持业务效率的数据指标。

细心的同学会说:“冠军,上述三种情况很简单明了,那衡量技术支持业务效率的数据指标也会比较简单吧?”

我们先来看一看表 4-5。整体上看,技术支持业务的效率都是用完成技术需求个数与接收技术需求个数的比值来衡量。需要注意的是:完成和接收技术需求,就是技术从业务侧接收到的产品需求,经过技术拆解后形成的技术需求,此处的技术需求个数并非指数量,而是指最小单位,所谓最小单位就是 1 个标准人天。之所以用最小单位来表示需求个数就是为了统一度量衡,不统一度量衡的数据指标是毫无意义的。

表 4-5 效率的数据指标

各种交付	数据指标
延后交付	延后完成技术需求个数/接收技术需求个数
提前交付	提前完成技术需求个数/接收技术需求个数
按时交付	按时完成技术需求个数/接收技术需求个数

细心的同学会说:"技术支持业务的效率似乎和第 2 章第 3 节的研发容量有一定的关系。研发容量是一个客观标准人天值,它决定了技术团队客观上可以完成多少技术需求,那就算是把研发容量百分百发挥出来,技术支持业务的效率也只是一个定值。"

的确如此。从技术价值的角度去看,技术支持业务的效率的确是研发容量和研发人效的提升。研发容量和研发人效是技术团队能够输出多少能力,技术支持业务的效率是技术能够产生多少业务价值。而技术管理者一部分价值是要把研发容量发挥到百分百,保证技术团队都是在满负荷运转;另一部分价值是要把技术工作转化成更多的业务价值,保证技术价值最大化。所以说技术管理者就是要把定值变成满足业务需求的不定值。

例如:某电商公司一周接收的技术需求个数是 260,即 260 个标准人天能够完成这些技术需求。技术团队有 1 个 P9 员工、2 个 P8 员工、4 个 P7 员工、5 个 P6 员工、20 个 P5 员工,共计客观标准人天为 31(计算系数请参见第 2 章第 3 节标准人天系数,1×2+2×1.5+4×1.25+5×1+20×0.8=31)。一周按照 5 天计算,那么一周的客观标准人天就是 31 乘以 5 等于 155,这 155 个标准人天就算是发挥到百分百,技术支持业务的效率也只能够达到 155 除以 260,约 60%。

这个 60% 的效率从均值的角度看，它的确是定值，但是业务侧人员提过来的需求不可能全都是 P0 级的，因此从技术管理的角度，它又可以按照优先级拆分成更加能够满足业务侧人员要求的效率值，即高优先级的高效率，低优先级的低效率。经过这么一个拆分操作，定值就变成了不定值，但是却更能够满足业务的要求，使大家皆大欢喜，这也进一步说明优先级的重要性。

接下来，就给出一个基于优先级的效率标准示例，请参照表 4-6。毫无疑问，在技术资源有限的前提下，按时交付应该占最大比重，尤其是 P1 级以上的要占比大于 70%；提前交付偶尔为之还可以接受，但不宜过多，尽量控制在 30% 以下；延后交付在 P0 级的业务需求中不能出现，P1 级的在 15% 以内，P2 级、P3 级、P4 级的可以适当放宽到 30%、40%、50% 以内。整体上看，就是 P0 级的效率达到 100%，P1 级的效率达到 85%，P2 级的效率达到 70%，P3 级的效率达到 60%，P4 级的效率达到 50%。

表 4-6　效率标准

效率标准	P0 占比	P1 占比	P2 占比	P3 占比	P4 占比
延后交付效率标准	0	15%	30%	40%	50%
提前交付效率标准	15%	10%	5%	0	0
按时交付效率标准	85%	75%	65%	60%	50%

这只是一个从整体上看的表格，下面还要分别进行三个层面的详细讲解，可能更加复杂。

1. 按时交付

衡量按时交付效率的数据指标是按时交付的技术需求个数与接收的技术需求个数的比值。基于优先级的按时交付效率标准见表 4-7，其中，P0 级的至少要达到 85%，P1 级的至少要达到 75%，P2 级的至少要达到 65%，P3 级的 60%，P4 级的 50%，就是说 P0 级、P1 级的需求提过来后，要投入最多的技术资源，做到至少75%按时交付，否则就会导致公司业务出问题，从而一定会受到业务侧人员的各种投诉，令你苦不堪言；P2级、P3级、P4级的可以允许一定的延后交付，但是如果有足够的技术资源，也请尽量提前。

表4-7　按时交付效率标准

	效率标准	级　别
按时交付	85%	P0
	75%	P1
	65%	P2
	60%	P3
	50%	P4

细心的同学会说："冠军，如果研发容量就没有这么多，客观上就是做不到P0级、P1级的75%按时交付，怎么办？"关于这点，其实也很简单，要么开源，要么节流：第一，加人；第二，加班；第三，减需求。但是一定要把团队的数据指标和数据现状告诉老板和业务人员，在与他们达成共识的基础上进行加人、加班或减需求。如果明显看着就是连最高优先级的需求都无法保证按时交付，但是还不进行改变，那么这种不尊重技术科学性的操作最终会自食其果的。

2. 提前交付

衡量提前交付效率的数据指标主要是提前交付的技术需求个数与接收的技术需求个数的比值，再辅以提前交付的时长。基于优先级的提前交付效率标准见表4-8，其中P0级的至多达到15%，P1级的至多达到10%，P2级的至多达到5%，P3级和P4级的做不到提前交付，或者提前交付的时长不要高于需求预估交付时长的30%。

再次强调一下：综合提前交付效率标准和按时交付效率标准，P0级、P1级的交付效率要达到85%以上才算合格，如果你的技术团队资源保证不了,那么强烈建议依此数据现状去和老板沟通,与老板达成共识,以免后患无穷。

表 4-8　提前交付效率标准

<table>
<tr><th></th><th>效率标准</th><th>提前交付时长</th><th>级别</th></tr>
<tr><td rowspan="5">提前交付</td><td>15%</td><td rowspan="3">不低于预估需求交付时间的 70%</td><td>P0</td></tr>
<tr><td>10%</td><td>P1</td></tr>
<tr><td>5%</td><td>P2</td></tr>
<tr><td>0</td><td>0</td><td>P3</td></tr>
<tr><td>0</td><td>0</td><td>P4</td></tr>
</table>

细心的同学会说:“提前交付为什么还控制一个最高值?技术团队人员工作努力,提前交付不是好事一桩吗?”

这里再次强调一下,提前交付没有错,但是如果超过 30% 都是提前交付,那么就需要重新审视技术对工作量评估的准确性了,要么是技术能力实打实地提升了,要么是技术人员有意无意地在给自己增加缓冲,要么是技术人员加班非常多,总之这些都不是长久之计。一定要进行一轮校对,把工作量评估合理化。

3. 延后交付

衡量延后交付效率的数据指标主要是延后交付的技术需求个数与接收的技术需求个数的比值,再辅以提前交付的时长。基于优先级的延后交付效率标准见表 4-9,其中 P0 级的是 0,延后时长自然是 0;P1 级的不超过 15%,延后时长不超过 1 个迭代;P2 级的不超过 30%,延后时长不超过 2 个迭代;P3 级和 P4 级的在 P2 级基础上线性增长。延后交付效率比较清晰,此处只强调一点:如果延后交付一定要告知业务侧人员一个延后的期限,不能无限期延后。无限期延后会造成原本不重要、不紧急的需求变成很重要、很紧急的需求,最终技术团队欠债越来越多,后果也会非常严重。

表 4-9　延后交付效率标准

	效率标准	延后交付时长	级别
延后交付	0	0	P0
	15%	不超过 1 个迭代	P1
	30%	不超过 2 个迭代	P2
	40%	不超过 3 个迭代	P3
	50%	不超过 4 个迭代	P4

上述所有的讲解都是在技术资源有限的前提下进行的,那么假如你非常幸运,进入了一个技术资源充足的团队,连续几个月技术支持业务的效率都是 100%,那么不难看出,业务侧人员提过来的技术需求个数是不够的,需要加把劲儿啦。当然,技术侧人员也必须把多余的时间投入技术基础、技术服务、技术创新等技术资产打磨的事情上,还是要做到有闲事无闲人的状态。

本节从技术支持业务的效率角度切入,阐述技术团队支持业务团队第二优先级该做的事儿。技术支持业务的质量包括按时交付、提前交付和延后交付三个部分,技术管理者要通过管理和技术手段持续提升按时交付和提前交付的情况,而持续降低延后交付的情况。

读完本节,你就可以有理有据地告诉老板:技术团队对业务的支持第二优先级该做点啥。当然技术资源永远是有限的,所以最重要的就是按优先级进行技术资源投入,还要进行诸如迭代管理、敏捷管理、服务拆分并行开发、研发框架优化、技术组件技术平台积累等,总之一切可以用的手段都可以往上招呼,多多益善。

本章小结

到此,本章要告一段落了。技术支持业务的质量和效率都是极为重要的事情,它们真正体现了技术的价值,要通过管理和技术手段将它们不遗余力地提升上来,当然需要灵活机动的战略战术了,不要傻乎乎地一视同仁,优先满足高优先级的业务需求就是你最好的策略,无它。技术管理做到这步田地,你真的可以有根有底地和老板畅所欲言了,但你真的以为只是这样你就很杰出了,对吗?对不起,依然不够。你还需要更有模型思维的东西,待你稍微整理头脑,我们再攀登吧。

下面将进行一章的技术管理模型的讲述,这些模型都是在技术团队的数据指标和技术本身的数据指标之上构建出来的,非常带感,就在下一章,我们不见不散。

第3部分

升华篇

第5章

三个数据模型全面衡量技术工作

把技术人员、技术团队、技术价值全面、准确、客观地管理好，其终极意义就是通过团队、技术、业务全数据指标驱动的个人胜任力模型、团队胜任力模型和技术价值模型。

本章是对数字化技术管理的一个全面的总结和实践，聚焦个人、团队和技术价值的管理，从个人、团队和技术价值的全数据指标入手，详细讲述如何衡量技术工作。

5.1　个人胜任力模型的定义和指标——衡量技术人员的不二法门

要想全面、准确地选取技术人员、任用技术人员、培育技术人员、储备技术人员，最帅气的评价体系就是个人胜任力模型。所谓个人胜任力模型就是以数据为基础，通过个人产出、个人能力、个人效率、个人成本、个人成长这 5 个一级指标来表示技术人员的综合素质，这 5 个一级指标又可拆分为 13 个二级指标、20 个三级指标、25 个四级指标，共计 37 个数据指标，用这些指标构建数学模型，给技术人员进行一个全面又准确的画像，从而指导管理者对技术人员的选、用、育、留等，实现公司、团队和个人共同成长的目标，达到一个公司、团队和个人三赢的状态，告别个人和团队“同床异梦”的日子。

半分钟小故事——如何全面评价人员的能力

"冠军，团队部分的数据指标似乎也可以用来衡量个人，但单纯地从人效角度去衡量个人又是不够全面的，例如人效无法表示个人的成本，也无法表示个人的成长，这个问题你有什么解决办法么？"

"老板，你这是个好问题。是这样的，人效是在个人胜任力模型的基础上抽象出来的可解释、可描述版，相当于更简易的版本，主要是因为个人胜任力模型实在是有太多指标，太过复杂，所以我才搞了个简易版出来供读者研读的。如果要全面地评价一个人，的确是需要个人胜任力模型的完整版。"

作为技术管理者，你可能会面对老板提出的上述挑战，也可能经常会被无法全面评价技术个人所困扰。实际上，这些问题背后的逻辑是，你的评价体系不够全面、科学。坦白讲，全面、准确地评价每个技术人员是至关重要的，它是公司在选人、用人、育人、留人这四个方面找到最合适的人的终极秘诀。那这个终极秘诀就是个人胜任力模型的完整版，有了它，基本上技术管理者从此以后可以无忧了，谁再向你提出挑战，你可以直接用个人胜任力模型"怼"他。一切的一切都将随风而去，剩下的只有挑战者崇拜的眼神和追随者赞赏的声音。

那接下来详细解释个人胜任力模型到底是何方神圣，同样分为三步：第一，个人胜任力模型的定义；第二，个人胜任力模型的价值；第三，个人胜任力模型的详细指标。

5.1.1 个人胜任力模型的定义

简单地讲，个人胜任力模型是全面衡量技术人员的价值大小、能力强弱、表现好坏、成本高低、发展快慢的数据指标体系，它用个人产出、个人能力、个人效率、个人成本和个人成长这五个维度来表示，可以说，它是第 2 章团队（个人）的数据指标、第 3 章技术的数据指标和第 4 章技术支持业务的数据指标的合集，所以本节有大量的回顾性数据指标，可以认为是对前四个章节的一个总结和实践。个人胜任力模型是一个让人爱不释手的东西，一旦拥有了它，你就会不自觉地维护它、优化它、依赖它。

5.1.2 个人胜任力模型的价值

个人胜任力模型的作用很多，价值也很大，它扛着算法闪耀在人群之中。

个人胜任力模型的主要价值就是全面、准确、客观地评价技术人员，我们在详述个人胜任力模型之前，先来讲述评价技术人员的一些概念。

所谓评价技术人员，就是按照一定的标准，采用科学的方法，评价技术人员完成工作职责的能力和效果。

从管理者的视角去看，评价技术人员主要有两个作用：一是最大化使用员工的能力，尽量发掘员工的潜力，把合适的员工放在合适的岗位；二是，对员工给予公平公正的评价，采取合适地选、用、育、留策略，全面提升员工价值。

从技术人员本人的视角去看，评价技术人员主要也有两个作用：一是让其能全面地自我认知，清晰了解自己适合干什么、不适合干什么，该怎么对自己查缺补漏；二是，让其能全面地对团队认知，能清晰地了解自己在团队中处于什么水平，该怎么树立个人目标，并进行全面提升。

目前有几种常用的评价技术人员的方法：

(1)成绩记录法。顾名思义，是将员工取得的各项成绩记录下来，以最后累积的结果为依据进行打分。

(2)领导考核法。由领导根据员工的日常表现进行打分，这种方式很显然过于主观。

(3)述职法。一个考核周期进行一次述职，当然述职也主要是技术人员讲自己的客观成绩,由领导以及一些经常合作的同事进行打分,这种方式在领导的基础上增加了一些同事的打分,会更加客观一些。

(4)360 测评法。由团队内的员工集体打分,这种方式相对来说是最客观的,但是实施起来也是比较耗费人力、物力的。

上述四种方法都或多或少地存在一些不足之处,但是依然难不倒聪明的技术管理者。聪明的技术管理者会把这几种结合起来作为技术人员评价体系使用,每种方法分别占不同的权重,这样可以相对客观地评价出多劳多得的好员工。但是在执行评价的过程中依然会发现一些问题,例如 3 个月评价一次,每次都要耗费 1 个月时间;好员工大家都看在眼里,没什么异议,但对靠后的员工的评价,管理者却很难去给大家解释清楚;有些主观的评价并不是所有人都买单,需要耗费很多精力消化不良情绪。

这归根究底还是因为技术人员的评价体系不够全面、准确、客观,既然技术管理者没有花更多的精力去制定评价体系,那出现的这些问题自然需要更多的解释成本了,成本守恒嘛。

细心的同学会说:“冠军,不得不承认你说得很在理,按照这一节的走向,全面、准确、客观的评价体系就是个人胜任力模型呗。”

的确是,个人胜任模型在 5 个方面可以给予技术管理者最大的支持和帮助。

(1)它能够分分钟告诉你,技术团队中哪些人是有能力做事且很想做事的,这些“稀世珍宝”值得珍惜,这些人就是亲兄弟。

(2)它也能够告诉你,技术团队中哪些人是有能力做事但不想做事的,这些磨洋工的选手管理者得拿鞭子抽,当然最好是动之以情、晓之以理。

(3)它还能够告诉你,技术团队中哪些人是想做事但能力不够的,这些“老黄牛”管理者得加以引导,他们差的可能只是技术管理者来捅破那层窗户纸。

(4)它更能够告诉你,技术团队中哪些人是既没能力又不想做事的,这些员工,技术管理者得重新审视了,或许给他们安排到别的岗位,或是请他们另谋高就。

(5)它最重要的是,能够告诉你技术团队中每个人的优缺点,让管理者基本上能清楚每个员工在工作上的"前世今生"。更为重要的一点是,它能让管理者清楚团队中每个人的胜任力模型,这样管理者就可以为每个人进行一个准确的个人画像,并为每个人制定一个成长路线,每个人该扬哪些长,避哪些短都一目了然,总之是非常得力的一件事情。

以下是个人胜任力模型的各个指标。

5.1.3 个人胜任力模型的详细指标

本部分包括个人胜任力模型的详细指标和计算公式的讲解。个人胜任力模型的指标最重要的就是全面,一些细节的因素都不放过,总计有37个数据指标(叶子指标),5个一级指标,13个二级指标,20个三级指标,25个四级指标,这四级指标层层递进,最终形成一个比较完美的模型。

1. 一级指标

一级指标是概括性指标,见表5-1。一级指标分为五个方面:个人产出、个人能力、个人效率、个人成本、个人成长。

表5-1 个人胜任力模型一级指标

一级指标	一级指标权重
个人产出	50%
个人能力	10%
个人效率	15%
个人成本	10%
个人成长	15%

(1)个人产出。

个人产出是指技术人员交付技术需求的情况如何，包括质量、效率、完成率和参与率，这一点是技术人员产出的业务价值，权重最大，达到 50%。

(2)个人能力。

个人能力是指技术人员能够做多少工作，包括研发容量和研发能力，这一点是能做层面的事儿，它决定了技术人员的下限，权重是 10%。

(3)个人效率。

个人效率是指技术人员实际的效能，包括研发投入率和研发人效，这一点是能做和想做的结合，决定了技术人员实际的工作情况，权重是 15%。

(4)个人成本。

个人成本是指技术人员花费的费用，包括费用和级别，毕竟资产也是要考虑投资回报比的，这一点是必须的，其权重是 10%。

(5)个人成长。

个人成长是指技术人员的进步，包括技术人员的好奇心、决心、毅力、学习能力，以及对团队成长的贡献、对技术成长的贡献和自我的升值，这一点尤为重要，它决定了技术人员的上限，权重是 15%。

一级指标个人胜任力的计算公式是：

$$\begin{aligned}&\text{个人胜任力}=\text{个人产出}\times50\%+\text{个人能力}\times10\%+\text{个人效率}\times15\%+\\&\text{个人成本}\times10\%+\text{个人成长}\times15\%\end{aligned}\tag{1}$$

2. 二级指标

二级指标是把概括性的一级指标细化为本书中第 2 章、第 3 章、第 4 章讲解的那些数据指标，这也是本书为何先铺垫一些数据指标再进行胜任力模型讲解的原因所在。

二级指标分为 13 个，包括：质量、效率、完成率、参与率、研发容量、研发能力、研发投入率、研发人效、费用、级别、团队成长贡献、技术成长贡献、自我升值，见表 5-2。

表 5-2　个人胜任力模型二级指标

一级指标	二级指标	一级指标	二级指标	
		权重	权重	二级占一级的比例
个人产出	质量	50%	30%	60%
	效率		15%	30%
	完成率		2%	4%
	参与率		3%	6%
个人能力	研发容量	10%	5%	50%
	研发能力		5%	50%
个人效率	研发投入率	15%	6%	40%
	研发人效		9%	60%
个人成本	费用	10%	5%	50%
	级别		5%	50%
个人成长	团队成长贡献	15%	6%	40%
	技术成长贡献		4. 5%	30%
	自我升值		4. 5%	30%

(1)个人产出部分又包括四个指标:质量、效率、完成率和参与率。这里的质量和效率包括第 4 章技术支持业务的质量和效率,也包括第 3 章技术的部分,详细的计算方法参见这两章,其中质量是第一位的,占比 60%,其在个人胜任力模型中的权重就是 30%;效率是第二位的,占比 30%,其在个人胜任力模型中的权重就是 15%。这里的完成率和参与率是辅助的数据指标,占比共有 10%,其在个人胜任力模型中的权重分别是 2%和 3%。

由此可知个人产出的计算公式是:

个人产出=质量×60%+效率×30%+完成率×4%+参与率×6%　　(2)

(2)个人能力部分有 2 个指标:研发容量、研发能力。这里的研发容量和研发能力与第 2 章团队的研发容量和研发能力计算方法完全一致,请参见第 2 章,其中研发容量占比 50%,其在个人胜任力模型中的权重为5%；研发能力占比50%，其在个人胜任力模型中的权重为5%。

由此可知个人能力的计算公式是：

$$个人能力=研发容量\times 50\%+研发能力\times 50\% \tag{3}$$

（3）个人效率部分有2个指标：研发投入率、研发人效。这里的研发投入率和研发人效同样是将第2章团队的指标拿来衡量个人，在这里不作赘述，其中研发投入率占比40%，其在个人胜任力模型中的权重为6%；研发人效占比60%，其在个人胜任力模型中的权重为9%。

由此可知个人效率的计算公式是：

$$个人效率=研发投入率\times 40\%+研发人效\times 60\% \tag{4}$$

（4）个人成本部分有2个指标：费用、级别。这是一个新的指标，将其按级别进行平均会更加客观，两者各占比50%，其在个人胜任力模型中的权重均为5%。

由此可知个人成本计算公式是：

$$个人成本=\frac{费用}{级别} \tag{5}$$

（5）个人成长部分有3个指标：团队成长贡献、技术成长贡献、自我升值。这又是一个新的指标，它从个人对团队、技术的贡献以及自我进步的角度表达个人的成长，分别占比40%、30%、30%，其在个人胜任力模型中的权重分别是6%、4.5%、4.5%。

由此可知个人成长计算公式是：

$$个人成长=团队成长贡献\times 40\%+技术成长贡献\times 30\%+自我升值\times 30\% \tag{6}$$

经二级指标拆解这一步，将公式（2）至公式（6）带入公式（1），得出个人胜任力模型的计算公式是：

$$个人胜任力=(质量\times 30\%+效率\times 15\%+完成率\times 2\%+参与率\times 3\%)+(研发容量\times 5\%+研发能力\times 5\%)+(研发投入率\times 6\%+研发人效\times 9\%)+(\frac{费用}{级别}\times 10\%)+(团队成长贡献\times 6\%+技术成长贡献\times 4.5\%+个人升值\times 4.5\%) \tag{7}$$

3. 三级指标

三级指标是在二级指标的基础上更细维度的拆分，大部分三级指标都是叶子指标，即可以直接通过技术人员的日常工作日报反馈出来的数据指标。三级指标分为 20 个，见表 5-3。

表 5-3　个人胜任力模型三级指标

一级指标	二级指标	三级指标	一级指标	二级指标		三级指标	
			权重	权重	二级占一级的比例	权重	三级占二级的比例
个人产出	质量	线上故障个数	50%	30.0%	60%	24.0%	80%
		线上故障修复时长					
		bug 个数				6%	20%
		bug 修复时长					
	效率	按时交付效率		15.0%	30%	10.5%	70%
		提前交付效率				1.5%	10%
		延后交付效率				3.0%	20%
	完成率	完成技术需求个数		2.0%	4%	2.0%	100%
	参与率	接收技术需求个数		3.0%	6%	3.0%	100%
个人能力	研发容量	客观标准人天	10%	5.0%	50%	5.0%	100%
	研发能力	客观人天		5.0%	50%	5.0%	100%
个人效率	研发投入率	实际标准人天	15%	6.0%	40%	6.0%	100%
	研发人效	有效标准人天		9.0%	60%	9.0%	100%
个人成本	费用	—	10%	5.0%	50%	—	—
	级别	—		5.0%	50%	—	—
个人成长	团队成长贡献	培养程序员个数	15%	6.0%	40%	3.0%	50%
		培训/讲课个数				3.0%	50%
	技术成长贡献	技术基础价值		4.5%	30%	2.7%	60%
		技术服务价值				1.35%	30%
		技术创新价值				0.45%	10%
	自我升值	学习能力		4.5%	30%	2.7%	60%
		毅力				1.8%	40%

(1)质量部分又分为4个指标:线上故障个数、线上故障修复时长、bug个数、bug修复时长。这一部分与第4章第1节的质量一致,其中线上故障个数占80%,其在个人胜任力模型中的权重为24%;bug个数占比20%,其在个人胜任力模型中的权重为6%。

由此可知质量计算公式是:

$$质量=\frac{线上故障个数}{产品需求个数}\times80\%+\frac{bug个数}{技术需求个数}\times20\% \tag{8}$$

(2)效率部分又分为3个:按时交付效率、提前交付效率、延后交付效率。这一部分与第4章第2节的效率一致,其中按时交付效率占70%,其在个人胜任力模型中的权重为10.5%;提前交付效率占比10%,其在个人胜任力模型中的权重为1.5%;延后交付效率占比20%,其在个人胜任力模型中的权重为3%。

由此可知效率计算公式是:

$$效率=按时交付效率\times70\%+提前交付效率\times10\%+延后交付效率\times20\% \tag{9}$$

(3)完成率部分有1个:完成技术需求个数。这个指标与效率有很大的关联,因此作为一个辅助指标使用,其在个人胜任力模型中的权重只有2%。

由此可知完成率计算公式是:

$$完成率=\frac{完成技术需求个数}{接收技术需求个数} \tag{10}$$

(4)参与率部分有1个:接收技术需求个数。这同样作为一个辅助指标使用,其在个人胜任力模型中的权重只有3%。

参与率计算公式是:

$$参与率=\frac{接收技术需求个数}{全部技术需求个数} \tag{11}$$

(5)研发容量部分有1个:客观标准人天。这个指标与第2章第3节一致,其在个人胜任力模型中的权重占5%。

研发容量计算公式是：

$$研发容量=客观标准人天 \tag{12}$$

(6)研发能力部分有1个：客观人天。这个指标与第2章第4节一致，其在个人胜任力模型中的权重占5%。

研发能力计算公式是：

$$研发能力=\frac{研发容量}{客观人天}=\frac{客观标准人天}{(技术人员个数=1)} \tag{13}$$

(7)研发投入率部分有1个：实际标准人天。这个指标与第2章第5节一致，其在个人胜任力模型中的权重占6%。

研发投入率计算公式是：

$$研发投入率=\frac{实际标准人天}{研发容量}=\frac{实际标准人天}{客观标准人天} \tag{14}$$

(8)研发人效部分有1个：有效标准人天。这个指标与第2章第6节一致，其在个人胜任力模型中的权重占9%。

研发人效计算公式是：

$$研发人效=\frac{有效标准人天}{实际标准人天} \tag{15}$$

(9)团队成长贡献部分又分为2个：培养程序员个数、培训/讲课个数。两个指标各占一半，其在个人胜任力模型中的权重都是3%。

团队成长贡献计算公式是：

$$团队成长贡献=培养程序员个数\times 50\%+培训或讲课个数\times 50\% \tag{16}$$

(10)技术成长贡献部分又分为3个：技术基础价值、技术服务价值、技术创新价值，其中技术基础价值占60%，其在个人胜任力模型中的权重为2.7%；技术服务价值占比30%，其在个人胜任力模型中的权重为1.35%；技术创新价值占比10%，其在个人胜任力模型中的权重为0.45%。

由此可知，技术成长贡献计算公式是：

$$技术成长贡献 = 技术基础价值 \times 60\% + 技术服务价值 \times 30\% + 技术创新价值 \times 10\% \tag{17}$$

(11) 自我升值部分又分为 2 个:学习能力、毅力,其中学习能力占比 60%,在个人胜任力模型中权重为 2. 7%;毅力占比 40%,权重在个人胜任力模型中为 1. 8%。

自我升值计算公式是:

$$自我升值 = 学习能力 \times 60\% + 毅力 \times 40\% \tag{18}$$

三级指标拆解后,将公式(8)至公式(18)代入公式(7),得到个人胜任力模型的计算公式是:

$$个人胜任力 = \left(\frac{线上故障个数}{产品需求个数} \times 24\% + \frac{bug个数}{技术需求个数} \times 6\% + 按时交付效率 \times 10.5\% + 提前交付效率 \times 1.5\% + 延后交付效率 \times 3\% + \frac{完成技术需求个数}{接收技术需求个数} \times 2\% + \frac{接收技术需求个数}{全部技术需求个数} \times 3\%\right) + (客观标准人天 \times 5\% + 客观人天 \times 5\%) + \left(\frac{实际标准人天}{客观标准人天} \times 6\% + \frac{有效标准人天}{实际标准人天} \times 9\%\right) + \left(\frac{费用}{级别} \times 10\%\right) + (培训程序员个数 \times 3\% + 培训或讲课个数 \times 3\% + 技术基础价值 \times 2.7\% + 技术服务价值 \times 1.35\% + 技术创新价值 \times 0.45\% + 学习能力 \times 2.7\% + 毅力 \times 1.8\%) \tag{19}$$

4. 四级指标

四级指标是把没有拆分到叶子指标的三级指标进一步进行拆分,拆到这一步,所有的指标都能够通过技术人员的日常工作得到。四级指标分为 25 个,见表 5-4。

这部分主要是把个人产出中的质量和效率部分再进行拆分为叶子指标,并把个人成长中的技术基础价值和技术创新价值部分进行拆分为叶子指标。

表 5-4　个人胜任力模型四级指标

<table>
<tr><th rowspan="2">一级指标</th><th rowspan="2">二级指标</th><th rowspan="2">三级指标</th><th rowspan="2">四级指标</th><th>一级指标</th><th colspan="2">二级指标</th><th colspan="2">三级指标</th><th colspan="2">四级指标</th></tr>
<tr><th>权重</th><th>权重</th><th>二级占一级的比例</th><th>权重</th><th>三级占二级的比例</th><th>权重</th><th>四级占三级的比例</th></tr>
<tr><td rowspan="19">个人产出</td><td rowspan="12">质量</td><td rowspan="3">线上故障个数</td><td>功能性故障个数</td><td rowspan="19">50%</td><td rowspan="12">30.0%</td><td rowspan="12">60%</td><td rowspan="5">24.00%</td><td rowspan="5">80%</td><td>12.000%</td><td>50%</td></tr>
<tr><td>稳定性故障个数</td><td>7.200%</td><td>30%</td></tr>
<tr><td>性能故障个数</td><td>4.800%</td><td>20%</td></tr>
<tr><td rowspan="3">线上故障修复时长</td><td>功能性故障修复时长</td><td>0</td><td>0</td></tr>
<tr><td>稳定性故障修复时长</td><td>0</td><td>0</td></tr>
<tr><td>性能故障修复时长</td><td rowspan="7">6.00%</td><td rowspan="7">20%</td><td>0</td><td>0</td></tr>
<tr><td rowspan="3">bug 个数</td><td>功能性 bug 个数</td><td>3.000%</td><td>50%</td></tr>
<tr><td>稳定性 bug 个数</td><td>1.800%</td><td>30%</td></tr>
<tr><td>性能 bug 个数</td><td>1.200%</td><td>20%</td></tr>
<tr><td rowspan="3">bug 修复时长</td><td>功能性 bug 修复时长</td><td>0</td><td>0</td></tr>
<tr><td>稳定性 bug 修复时长</td><td>0</td><td>0</td></tr>
<tr><td>性能 bug 修复时长</td><td>0</td><td>0</td></tr>
<tr><td rowspan="5">效率</td><td>按时交付效率</td><td>按时交付需求个数</td><td rowspan="5">15.0%</td><td rowspan="5">30%</td><td>10.5%</td><td>70%</td><td>10.500%</td><td>100%</td></tr>
<tr><td rowspan="2">提前交付效率</td><td>提前交付需求个数</td><td rowspan="2">1.50%</td><td rowspan="2">10%</td><td>1.500%</td><td>100%</td></tr>
<tr><td>提前交付时长</td><td>0</td><td>0</td></tr>
<tr><td rowspan="2">延后交付效率</td><td>延后交付需求个数</td><td rowspan="2">3.00%</td><td rowspan="2">20%</td><td>3.000%</td><td>100%</td></tr>
<tr><td>延后交付时长</td><td>100%</td><td>0</td></tr>
<tr><td>完成率</td><td>完成技术需求个数</td><td>—</td><td>2.0%</td><td>4%</td><td>2.0%</td><td>100%</td><td>—</td><td>—</td></tr>
<tr><td>参与率</td><td>接收技术需求个数</td><td>—</td><td>3.0%</td><td>6%</td><td>3.0%</td><td>100%</td><td>—</td><td>—</td></tr>
</table>

续上表

一级指标	二级指标	三级指标	四级指标	一级指标	二级指标		三级指标		四级指标	
				权重	权重	二级占一级的比例	权重	三级占二级的比例	权重	四级占三级的比例
个人能力	研发容量	客观标准人天	—	10%	5.0%	50%	5.00%	100%	—	—
	研发能力	客观人天	—		5.0%	50%	5.00%	100%	—	—
个人效率	研发投入率	实际标准人天	—	15%	6.0%	40%	6.00%	100%	—	—
	研发人效	有效标准人天	—		9.0%	60%	9.00%	100%	—	—
个人成本	费用	—	—	10%	5.0%	50%	—	—	—	—
	级别	—	—		5.0%	50%	—	—	—	—
个人成长	团队成长贡献	培养程序员个数	—	15%	6.0%	40%	3.00%	50%	—	—
		培训/讲课个数	—				3.00%	50%	—	—
	技术成长贡献	技术基础价值	代码/数据		4.5%	30%	2.70%	60%	2.295%	85%
			文档/模型						0.405%	15%
		技术服务价值	技术平台/组件个数				1.35%	30%	1.350%	100%
		技术创新价值	技术专利个数				0.45%	10%	0.270%	60%
			软著个数						0.045%	10%
			技术书籍个数						0.045%	10%
			技术文章个数						0.045%	10%
			开源个数						0.045%	10%
	自我升值	学习能力	—		4.5%	30%	2.70%	60%	—	—
		毅力	—				1.80%	40%	—	—

(1)质量部分。

把线上故障个数、修复时长和bug个数、修复时长拆分成功能性、稳定性和性能的故障个数与时长,与第4章第1节一致,占比分别是50%、30%、20%,则其在个人胜任力模型中的权重分别是12%、7.2%、4.8%。

由此可知质量计算公式是：

$$质量=\frac{功能性故障个数}{产品需求个数}\times 12\%+\frac{稳定性故障个数}{产品需求个数}\times 7.2\%+\frac{性能故障个数}{产品需求个数}\times 4.8\%+\frac{功能性 bug 个数}{技术需求个数}\times 3\%+\frac{稳定性 bug 个数}{技术需求个数}\times 1.8\%+\frac{性能 bug 个数}{技术需求个数}\times 1.2\% \quad (20)$$

(2)效率部分。

把效率分为按时交付需求个数、提前交付需求个数、延后交付需求个数三个主指标和提前交付时长、延后交付时长两个辅指标，与第 4 章第 2 节一致，其在个人胜任力模型中的权重分别是 10.5%、1.5%、3%。

由此可知效率计算公式是：

$$效率=\frac{按时交付需求个数}{技术需求个数}\times 10.5\%+\frac{提前交付需求个数}{技术需求个数}\times 1.5\%+\frac{延后交付需求个数}{技术需求个数}\times 3\% \quad (21)$$

(3)技术基础价值部分。

把技术基础价值拆分成代码/数据个数和文档/模型个数，与第 3 章第 5 节一致，其在个人胜任力模型中的权重分别是 2.295% 和 0.405%。

技术基础价值计算公式是：

$$技术基础价值=代码或数据个数\times 2.295\%+文档或模型个数\times 0.405\% \quad (22)$$

(4)技术服务价值部分。

把技术服务价值拆分成技术平台或技术组件个数，与第 3 章第 5 节一致，其在个人胜任力模型中的权重是 1.35%。

技术服务价值计算公式是：

$$技术服务价值=技术平台或技术组件个数\times 1.35\% \quad (23)$$

(5)技术创新价值部分。

把技术创新价值拆分成技术专利个数、软著个数、技术书籍个数、技术文章个数、开源个数，与第 3 章第 5 节一致，其中技术专利占比 60%，其在个人胜任力模型中的权重是0.27%；软著、技术书籍、技术文章、开源均占比10%，其在个人胜任力模型中的权重都是0.045%。

技术创新价值计算公式是：

$$技术创新价值=技术专利个数\times 0.27\%+软著个数\times 0.045\%+技术书籍个数\times 0.045\%+技术文章个数\times 0.045\%+开源个数\times 0.045\% \quad (24)$$

经四级指标拆解后，将公式(20)至公式(24)代入公式(19)，最终推导出个人胜任力模型的公式。

$$个人胜任力=\left(\frac{功能性故障个数}{产品需求个数}\times 12\%+\frac{稳定性故障个数}{产品需求个数}\times 7.2\%+\frac{性能故障个数}{产品需求个数}\times 4.8\%+\frac{功能性\ bug\ 个数}{技术需求个数}\times 3\%+\frac{稳定性\ bug\ 个数}{技术需求个数}\times 1.8\%+\frac{性能\ bug\ 个数}{技术需求个数}\times 1.2\%+\frac{按时交付需求个数}{技术需求个数}\times 10.5\%+\frac{提前交付需求个数}{技术需求个数}\times 1.5\%+\frac{延后交付需求个数}{技术需求个数}\times 3\%+\frac{完成技术需求个数}{接收技术需求个数}\times 2\%+\frac{接收技术需求个数}{全部技术需求个数}\times 3\%\right)+(客观标准人天\times 5\%+客观人天\times 5\%)+\left(\frac{实际标准人天}{客观标准人天}\times 6\%+\frac{有效标准人天}{实际标准人天}\times 9\%\right)+\left(\frac{费用}{级别}\times 10\%\right)+(培养程序员个数\times 3\%+培训或讲课个数\times 3\%+代码或数据个数\times 2.295\%+文档或模型个数\times 0.405\%+技术平台或组件个数\times 1.35\%+技术专利个数\times 0.27\%+软著个数\times 0.045\%+技术书籍个数\times 0.045\%+技术文章个数\times 0.045\%+开源个数\times 0.045\%+学习能力\times 2.7\%+毅力\times 1.8\%) \quad (25)$$

上述推导过程是详细告诉技术管理者个人胜任力模型的逻辑和含义，让其知其然也知其所以然。

5.1.4 采用基准值计算个人胜任力模型

当然真正去落地实施时，技术管理者大可不必用上述复杂的计算法，可以直接采用简单可解释的基准值的方法，来计算个人胜任力模型。基准值方法也是经过多年实践经验思考总结出来的。所谓基准值的方法就是找到团队中一个技术人员作为基准参照系，其他所有技术人员都统一在该基准参照系上进行计算，最终得到团队中每个人的胜任力分数，共分三步：第一，制定基准参照系；第二，在基准值方法下，制定个人胜任力计算公式；第三，依据公式计算个人胜任力分数。

1. 制定基准参照系

基准参照系在每家公司、每个团队不尽相同，没有统一的答案，技术管理者可以根据具体情况制定。下面是一个基准参照系示例见表 5-5。以叶子指标为例，约定基准人员的个人胜任力基准分是 60，每一个四级数据指标的基准分就是对应的权重乘以 60，每一个数据指标的基准值就是表 5-5 中的“基准值”列。确定基准值的方法也很直接，即按照公司和团队的具体情况来定，这个具体情况技术管理者是最清楚的。

表 5-5 个人胜任力模型基准参照系示例

一级指标	四级指标	四级指标	基准参照系	
		权重	基准分数	基准值
个人产出	功能性故障个数	12.000%	7.20	1
	稳定性故障个数	7.200%	4.32	1
	性能故障个数	4.800%	2.88	1
	功能性 bug 个数	3.000%	1.80	3
	稳定性 bug 个数	1.800%	1.08	3
个人产出	性能 bug 个数	1.200%	0.72	3
	按时交付需求个数	10.500%	6.30	3.5
	提前交付需求个数	1.500%	0.90	0.5
	延后交付需求个数	3.000%	1.80	1
	完成技术需求个数	2.000%	1.20	5
	接收技术需求个数	3.000%	1.80	8

续上表

一级指标	四级指标	四级指标	基准参照系	
		权重	基准分数	基准值
个人能力	客观标准人天	5.000%	3.00	1
	客观人天	5.000%	3.00	1
个人效率	实际标准人天	6.000%	3.60	1
	有效标准人天	9.000%	5.40	0.8
个人成本	费用	5.000%	3.00	18 000
	级别	5.000%	3.00	1
个人成长	培养程序员个数	3.000%	1.80	1
	培训/讲课个数	3.000%	1.80	1
	代码/数据	2.295%	1.38	200
	文档/模型	0.405%	0.24	1
	技术平台/逐渐个数	1.350%	0.81	1
	技术专利个数	0.270%	0.16	1
	软著个数	0.045%	0.03	1
	技术书籍个数	0.045%	0.03	1
	技术文章个数	0.045%	0.03	1
	开源个数	0.045%	0.03	1
	学习能力	2.700%	1.62	1
	毅力	1.800%	1.08	1

经此一步，这个基准参照系就制定好了，基准技术人员依然是标准人天中提到的那个 P6 级别的小伙。

2. 制定计算公式

具体的计算胜任力分数的逻辑思路，提炼一下其实就两种，见表 5-6。

表 5-6 个人胜任力模型计算公式示例

一级指标	四级指标	四级指标胜任力分数计算公式
个人产出	功能性故障个数	[基准值+(基准值-个人值)]/基准值×基准分
	稳定性故障个数	[基准值+(基准值-个人值)]/基准值×基准分
	性能故障个数	[基准值+(基准值-个人值)]/基准值×基准分

续上表

一级指标	四级指标	四级指标胜任力分数计算公式
个人产出	功能性 bug 个数	[基准值+(基准值-个人值)]/基准值×基准分
	稳定性 bug 个数	[基准值+(基准值-个人值)]/基准值×基准分
	性能 bug 个数	[基准值+(基准值-个人值)]/基准值×基准分
	按时交付需求个数	个人值/基准值×基准分
	提前交付需求个数	个人值/基准值×基准分
	延后交付需求个数	[基准值+(基准值-个人值)]/基准值×基准分
	完成技术需求个数	个人值/基准值×基准分
	接收技术需求个数	个人值/基准值×基准分
个人能力	客观标准人天	个人值/基准值×基准分
	客观人天	个人值/基准值×基准分
个人效率	实际标准人天	个人值/基准值×基准分
	有效标准人天	个人值/基准值×基准分
个人成本	费用	[基准值+(基准值-个人值)]/基准值×基准分
	级别	个人值/基准值×基准分
个人成长	培养程序员个数	个人值/基准值×基准分
	培训/讲课个数	个人值/基准值×基准分
	代码/数据	个人值/基准值×基准分
	文档/模型	个人值/基准值×基准分
	技术平台/组件个数	个人值/基准值×基准分
	技术专利个数	个人值/基准值×基准分
	软著个数	个人值/基准值×基准分
	技术书籍个数	个人值/基准值×基准分
	技术文章个数	个人值/基准值×基准分
	开源个数	个人值/基准值×基准分
	学习能力	个人值/基准值×基准分
	毅力	个人值/基准值×基准分

计算公式逻辑一：

$$分数=个人胜任力值\times基准分=\frac{个人值}{基准值}\times基准分 \quad (26)$$

此公式的逻辑也很好理解，个人值越大说明分数越高，例如“按时交付需求的个数”这个指标的计算逻辑就是如此。

计算公式逻辑二：

$$分数=个人胜任力值\times基准分=\frac{基准值+(基准值-个人值)}{基准值}\times基准分 \quad (27)$$

此公式的逻辑依然很好理解，个人值越小说明分数越高，例如“功能性故障个数”这个指标的计算逻辑就是如此。

经此一步，上述一系列复杂的公式就转换为两个小学数学的计算公式了。

3. 计算个人胜任力分数

以下以小明同学的个人胜任力模型为例加以说明，见表5-7。根据上述两个公式，拿小明的个人值与基准值进行比较，能够计算得出小明同学个人胜任力的“四级指标分数”这一列，再进行加和，即可得到小明的个人产出分数为34.87，个人能力分数为6.75，个人效率分数为9，个人成本分数为6.17，个人成长分数为12.74。

表5-7 个人胜任力模型

一级指标	四级指标	基准参照系		小明		
		基准分数	基准值	一级指标分数	四级指标分数	个人值
个人产出	功能性故障个数	7.20	1	34.87	3.60	1.5
	稳定性故障个数	4.32	1		4.75	0.9
	性能故障个数	2.88	1		3.74	0.7
	功能性 bug 个数	1.80	3		1.20	4
	稳定性 bug 个数	1.08	3		1.80	1
	性能 bug 个数	0.72	3		1.44	0
	按时交付需求个数	6.30	3.5		10.80	6
	提前交付需求个数	0.90	0.5		1.80	1
	延后交付需求个数	1.80	1		1.80	1
	完成技术需求个数	1.20	5		1.68	7
	接收技术需求个数	1.80	8		2.25	10

续上表

一级指标	四级指标	基准参照系		小明		
		基准分数	基准值	一级指标分数	四级指标分数	个人值
个人能力	客观标准人天	3.00	1	6.75	3.75	1.25
	客观人天	3.00	1		3.00	1
个人效率	实际标准人天	3.60	1	9.00	3.60	1
	有效标准人天	5.40	0.8		5.40	0.8
个人成本	费用	3.00	18 000	6.17	2.67	20 000
	级别	3.00	6		3.50	7
个人成长	培养程序员个数	1.80	1	12.74	3.60	2
	培训/讲课个数	1.80	1		3.60	2
	代码/数据	1.38	200		1.51	220
	文档/模型	0.24	1		0.24	1
	技术平台/逐渐个数	0.81	1		0.81	1
	技术专利个数	0.16	1		0.16	1
	软著个数	0.03	1		0.03	1
	技术书籍个数	0.03	1		0.03	1
	技术文章个数	0.03	1		0.03	1
	开源个数	0.03	1		0.03	1
	学习能力	1.62	1		1.62	1
	毅力	1.08	1		1.08	1

单看小明的这些数字很费解，但是莫急，你可以根据这些数据构建各种图来直观反映小明的情况，例如雷达图、曲线图、柱状图、饼状图等，总之只要你喜欢，愿意构建什么图就构建什么图。

图 5-1 所示就是小明胜任力模型的雷达图，此图可以一目了然地表达小明同学工作的客观结果。简单讲，小明同学在个人成长方面做得最为出色，个人能力处于中等偏上水平，但是在个人效率和个人产出上都一般，需要引起技术管理者的重视。

这个一级指标的雷达图已经能够表达一些指标，如果再将其分析成二级、三级、四级指标的雷达图，那肯定更加有意思。再试想一下，如果所有技术人员都建立个人胜任力模型，那么对于公司的技术管理者来

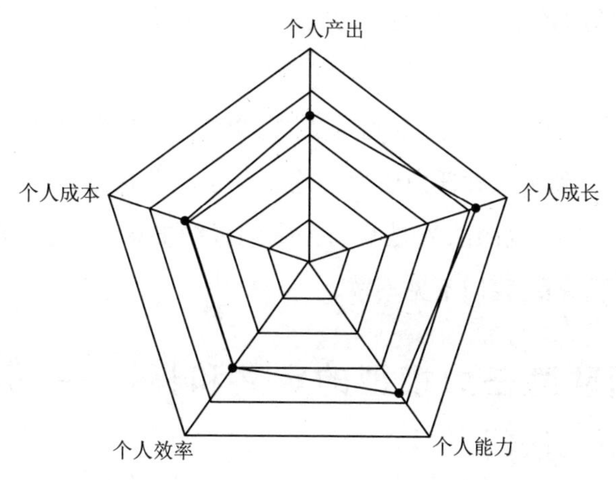

图 5-1　个人胜任力模型雷达图示例

说，其在进行技术人员的选、用、育、留方面简直易如反掌。技术管理者可以根据以下标准在此方面作参考：

①个人能力分数高、个人成长分数高的选手优先选择。

②个人产出分数高、个人能力分数高、个人效率分数高的选手优先任用。

③个人效率分数高、个人成本分数低、个人成长分数高的选手优先培养。

④个人成长分数高、个人成本分数低、个人效率分数高的选手优先储备。

⑤当然一百个人看个人胜任力模型有一百种解读，具体想怎么用，具体问题具体分析。

本节从个人胜任力角度切入，阐述如何更加全面、客观、科学地去评价一个人，主要包括个人能力、个人效率、个人成本、个人产出、个人成长等 5 个方面。

读完本节，你就能通过个人胜任力模型来有理有据地告诉老板：技术团队中每个人的情况到底如何。可以说，个人胜任力模型是全面评价技术人员的不二法门，是把个人、技术和技术支持业务的所有数据指标集合在一起才得以构建出来的，是真有内涵的。有了它，你在对人才的选、用、育、留的各个环节都能有的放矢,从而为团队、为公司找到最合适的人。

但是,我知道你是一定要追求更高、更快、更强的,而且我觉得你或许也隐约感觉到个人胜任力模型还差点意思。没有错,更给力的就是团队胜任力模型,毕竟团队才是我们去拿到成绩的核心,这就是下一节的内容,就在下一节,我们不见不散。

5.2 团队胜任力模型的定义和指标——衡量技术团队的不二法门

要想全面准确地衡量技术团队、考核技术团队、优化技术团队、培养技术团队、提升技术团队,最帅气的评价体系就是团队胜任力模型。所谓团队胜任力模型就是以数据为基础,通过团队产出、团队能力、团队效率、团队成本、团队成长这 5 个一级指标来表示技术团队的综合能力,其中,5 个一级指标又可拆分为 13 个二级指标、20 个三级指标、25 个四级指标,共计 37 个数据指标,用这些数据指标构建数学模型,给技术团队进行一个全面又准确的画像,从而指导技术团队在考、优、培、升等环节的工作,使团队在实现团队目标的同时为公司创造更多的价值,让公司和技术管理者对技术团队达到一切尽在掌握的状态,告别糊里糊涂的日子。

半分钟小故事——如何全面评价团队的能力

“冠军,团队人效只是技术团队的一部分表现,技术的情况、技术支持业务的情况都应该是衡量技术团队的因素吧?是这样吗?”

“老板,这是个非常好的问题。是这样的,人效的确只是衡量技术团队的一个点,理论上只要是和技术相关的因素都应该作为衡量技术团队的因素,只有这样才能全面准确地衡量技术团队,这个全面准确的评价体系就是团队胜任力模型。”

作为技术管理者,你可能会面对老板对你提出的上述挑战,也经常会被无法全面评价技术团队所困扰。实际上,这些问题背后的逻辑是,你的评价体系不够全面科学。坦白讲,全面、准确地评价技术团队是非常关键的,它是公司在考、优、培、升这四个方面打造技术团队的终极目标,这个终极目标所依托的就是团队胜任力模型。有了它,基本上公司的技术团队从此以后就可以与时俱进了,而且是方向明确、节奏稳健地与时俱进,假以时日一定会成为公司中最有价值的仔。

团队胜任力模型全面衡量技术团队,分为三步:第一,团队胜任力模型的定义;第二,团队胜任力模型的价值;第三,团队胜任力模型的详细指标。

本节的团队胜任力模型与上一节的个人胜任力模型在逻辑上如出一辙,所以在文字表述以及数据指标上都有很多相似或关联之处。

5.2.1 团队胜任力模型的定义

简单讲,团队胜任力模型能全面衡量技术团队,是评价技术团队价值大小、能力强弱、表现好坏、成本高低、发展快慢的数据指标体系,用团队产出、团队能力、团队效率、团队成本和团队成长这五个维度来表示,可以说它是第 2 章技术团队的数据指标、第 3 章技术的数据指标和第 4 章技术支持业务的数据指标的合集。

5.2.2 团队胜任力模型的价值

团队胜任力模型除了能够全面、准确地衡量技术团队之外,更为重要的价值是能够作为技术团队的指路明灯,能明确技术团队该往哪个方向走才能够获得最大的价值提升。团队胜任力模型能够告诉公司技术团队在产出、能力、效率、成本、成长这五个维度的优、良、中、差,让技术管理者对技术团队的方方面面做到了如指掌。技术管理者了解团队哪些地方该优化,哪些地方该培养,哪些地方该摒弃,哪些地方该发扬,从而就可以有针对性地制定并落实打造技术团队的策略,一步一个脚印地提升技术团队的整体价值。

值得注意的是，现如今公司对技术团队的管理很大程度都是把技术团队看作“成本”在管控，这种技术团队管理的思路存在一些天然的问题，它只关注研发投入率和研发人效，这样可能会使公司在短期内获得一定的技术产出，但是因为忽略了团队的长期成长，团队很难留得住“有理想、有文化、有道德、有纪律”的人才。

而团队胜任力模型却异常“聪明”，它是把技术团队看作“资产”在维护，其目的也自然很明确，就是为了让技术团队的资产持续升值，它会全面综合地考量技术团队的产出、技术团队的能力、技术团队的效率、技术团队的成本、技术团队的成长，兼顾技术团队的生存与发展。

5.2.3 团队胜任力模型的详细指标

接下来就进入团队胜任力模型详细指标和计算公式的讲解。团队胜任力模型的指标最重要的就是全面，任何细节的因素都不放过。团队胜任力模型的数据指标与个人胜任力模型的数据指标非常相似，它从团队的角度看问题，各个指标的权重与个人胜任力模型略有不同，整体上团队产出、团队成本、团队成长权重会更加高。团队胜任力模型总计37个数据指标（叶子指标），其中分为5个一级指标，13个二级指标，20个三级指标，25个四级指标，这四级指标层层递进，最终会形成一个团队胜任力模型。

1. 一级指标

一级指标是概括性指标，见表5-8，一级指标分为5个：团队产出、团队能力、团队效率、团队成本、团队成长。

表5-8 团队胜任力模型一级指标

一级指标	一级指标权重
团队产出	40%
团队能力	10%
团队效率	10%

续上表

一级指标	一级指标权重
团队成本	20%
团队成长	20%

(1)团队产出。

团队产出是指团队交付技术需求的情况,包括质量、效率、完成率和参与率,团队产出是技术团队产出的业务价值,在团队胜任力模型中的权重最大,达到40%。

(2)团队能力。

团队能力是指团队能够做多少工作,包括研发容量和研发能力,这一点是能做层面的事儿,决定技术团队的下限,在团队胜任力模型中权重是10%。

(3)团队效率。

团队效率是指技术团队实际的效能,包括研发投入率和研发人效,这一点是能做和想做的结合,决定团队中员工实际的工作情况,权重是10%。

(4)团队成本。

团队成本是指技术团队花费的费用,包括费用和级别,在团队的角度必须更多地考虑成本的事儿,所以权重达到20%。

(5)团队成长。

团队成长是指技术团队的进步,表示技术团队的学习能力、传承能力、创新能力、积累能力等,包括技术团队的提升、技术资产的积累以及技术能力的提升,这一点尤为重要,它决定技术团队的上限,权重达到20%。

团队胜任力一级指标的计算公式是:

团队胜任力=团队产出×40%+团队能力×10%+团队效率×10%+团队成本×20%+团队成长×20%　　(1)

2. 二级指标

二级指标会把概括性的一级指标再细化分解为本书第2章、第3章、第4章讲解的团队、技术和技术支持业务的数据指标。二级指标见

表 5-9，分为 13 个：质量、效率、完成率、参与率、研发容量、研发能力、研发投入率、研发人效、费用、级别、团队提升、技术资产、技术能力。

表 5-9　团队胜任力模型二级指标

一级指标	二级指标	一级指标	二级指标	
		权重	权重	二级占一级的比例
团队产出	质量	40%	24%	60%
	效率		12.0%	30%
	完成率		1.6%	4%
	参与率		2.4%	6%
团队能力	研发容量	10%	5.0%	50%
	研发能力		5.0%	50%
团队效率	研发投入率	10%	4.0%	40%
	研发人效		6.0%	60%
团队成本	费用	20%	10.0%	50%
	级别		10.0%	50%
团队成长	团队提升	20%	4.0%	20%
	技术资产		4.0%	20%
	技术能力		12.0%	60%

（1）团队产出部分指标有 4 个：质量、效率、完成率和参与率。这里的质量和效率包括第 4 章技术支持业务的质量和效率，也包括第 3 章技术部分，详细的计算方法参见这两章，其中质量是第一位的，占比 60%，其在团队胜任力模型中的权重为 24%；效率是第二位的，占比 30%，在团队胜任力模型中的权重为 12%。这里的完成率和参与率是辅助的数据指标，占比合计只有 10%，在团队胜任力模型中的权重分别是 1.6% 和 2.4%。

由此可知团队产出的计算公式是：

团队产出＝质量×60%＋效率×30%＋完成率×4%＋参与率×6%　　(2)

（2）团队能力部分指标有 2 个：研发容量、研发能力。这里的研发容量和研发能力与第 2 章团队的研发容量和研发能力计算方法完全一致，请参见第 2 章。研发容量占比 50%，其在团队胜任力模型中的权重为

5%；研发能力占比 50%，则其在团队胜任力模型中的权重为 5%。

团队能力的计算公式是：

$$团队能力=研发容量\times5\%+研发能力\times5\% \tag{3}$$

（3）团队效率部分指标有 2 个：研发投入率、研发人效。这里的研发投入率和研发人效同样与第 2 章的研发投入率和研发人效计算方法一致，不作赘述，其中研发投入率占比 40%，在团队胜任力模型中的权重为 4%；研发人效占比 60%，在团队胜任力模型中的权重为 6%。

团队效率的计算公式是：

$$团队效率=研发投入率\times40\%+研发人效\times60\% \tag{4}$$

（4）团队成本部分指标有 2 个：费用、级别，各占比 50%，权重均为 10%。

团队成本计算公式是：

$$团队成本=\frac{费用}{级别} \tag{5}$$

（5）团队成长部分指标有 3 个：团队提升、技术资产、技术能力。技术能力是技术团队的基本面，占比达 60%，在团队胜任力模型中的权重为 12%；团队提升和技术资产占比均为 20%，在团队胜任力模型中的权重均为 4%。

团队成长计算公式是：

$$团队成长=团队提升\times20\%+技术资产\times20\%+技术能力\times60\%。 \tag{6}$$

经二级指标拆解后，将公式（2）至公式（6）代入公式（1），得出团队胜任力模型的计算公式是：

$$\begin{aligned}团队胜任力=&(质量\times24\%+效率\times12\%+完成率\times1.6\%+参与率\times2.4\%)+(研发容量\times5\%+研发能力\times5\%)+(研发投入率\times\\&4\%+研发人效\times6\%)+(\frac{费用}{级别}\times20\%)+(团队提升\times4\%+技术资产\times4\%+技术能力\times12\%)\end{aligned} \tag{7}$$

3. 三级指标

团队胜任力模型三级指标是在二级指标的基础上更细维度的拆分，

大部分三级指标都是叶子指标，即可以直接通过技术团队的日常工作周报反馈出来的数据指标，见表 5-10。

表 5-10 团队胜任力模型三级指标

一级指标	二级指标	三级指标	一级指标	二级指标		三级指标	
			权重	权重	二级占一级的比例	权重	三级占二级的比例
团队产出	质量	线上故障个数	40%	24.0%	60%	19.2%	80%
		线上故障修复时长					
		bug 个数				4.8%	20%
		bug 修复时长					
	效率	按时交付效率		12.0%	30%	8.4%	70%
		提前交付效率				1.2%	10%
		延后交付效率				2.4%	20%
	完成率	完成技术需求个数		1.6%	4%	1.6%	100%
	参与率	接收技术需求个数		2.4%	6%	2.4%	100%
团队能力	研发容量	客观标准人天	10%	5.0%	50%	5.0%	100%
	研发能力	客观人天		5.0%	50%	5.0%	100%
团队效率	研发投入率	实际标准人天	10%	4.0%	40%	4.0%	100%
	研发人效	有效标准人天		6.0%	60%	6.0%	100%
团队成本	费用	—	20%	10.0%	50%	—	—
	级别	—		10.0%	50%	—	—
团队成长	团队提升	培养程序员个数	20%	4.0%	20%	2.0%	50%
		培训/讲课个数				2.0%	50%
	技术资产	技术基础价值		4.0%	20%	2.4%	60%
		技术服务价值				1.2%	30%
		技术创新价值				0.4%	10%
	技术能力	稳定性		12.0%	60%	7.2%	60%
		性能				4.8%	40%

（1）质量部分的指标又有 4 个：线上故障个数、线上故障修复时长、bug 个数、bug 修复时长。这一部分与第 4 章第 1 节的质量一致，其中线上故障个数占比达到 80%，其在团队胜任力模型中的权重为 19.2%（80%×24.0%）；bug 个数占比 20%，其在团队胜任力模型中的权

重 4.8%。

质量计算公式是：

$$质量=\frac{线上故障个数}{产品需求个数}\times 80\%+\frac{bug个数}{技术需求个数}\times 20\% \tag{8}$$

(2)效率部分的指标又有 3 个：按时交付效率、提前交付效率、延后交付效率。这一部分与第 4 章第 2 节的效率一致，其中按时交付效率占比 70%，其在团队胜任力模型中的权重 8.4%；提前交付效率占比 10%，其在团队胜任力模型中的权重 1.2%；延后交付效率占比 20%，则其在团队胜任力模型中的权重 2.4%。

由此可知，效率计算公式是：

$$效率=按时交付效率\times 70\%+提前交付效率\times 10\%+延后交付效率\times 20\% \tag{9}$$

(3)完成率部分的指标有 1 个：完成技术需求个数。这个指标与效率有很大的关联，因此作为一个辅助指标使用，其在团队胜任力模型中的权重只有 1.6%。

完成率计算公式是：

$$完成率=\frac{完成技术需求个数}{接收技术需求个数} \tag{10}$$

(4)参与率部分的指标有 1 个：接收技术需求个数。这同样作为一个辅助指标使用，在团队胜任力模型中的权重只有 2.4%。

参与率计算公式是：

$$参与率=\frac{接收技术需求个数}{全部技术需求个数} \tag{11}$$

(5)研发容量部分有 1 个：客观标准人天。这个指标与第 2 章第 3 节一致，其在团队胜任力模型中的权重为 5%。

研发容量计算公式是：

$$研发容量=客观标准人天 \tag{12}$$

(6)研发能力部分的指标有 1 个：客观人天。这个指标与第 2 章第 4 节一致，在团队胜任力模型中的权重占 5%。

研发能力计算公式是：

$$研发能力=\frac{研发容量}{客观人天}=\frac{客观标准人天}{技术人员个数} \tag{13}$$

(7)研发投入率部分的指标有1个：实际标准人天。这个指标与第2章第5节一致，在团队胜任力模型中的权重为4%。

研发投入率计算公式是：

$$研发投入率=\frac{实际标准人天}{研发容量}=\frac{实际标准人天}{客观标准人天} \tag{14}$$

(8)研发人效部分的指标有1个：有效标准人天。这个指标与第2章第6节一致，在团队胜任力模型中的权重为6%。

研发人效计算公式是：

$$研发人效=\frac{有效标准人天}{实际标准人天} \tag{15}$$

(9)团队提升部分的指标有2个：培养程序员个数、培训/讲课个数。两个指标各占一半，在团队胜任力模型中的权重都是2%。

从团队的角度讲，培养程序员也好，培养/讲课也罢，都是为了尽可能地把高级别队员的能力赋能给低级别的队员，通过这种“大手牵小手”的方式，使整个团队的各方面能力持续提升。

团队提升计算公式是：

$$团队提升=培养程序员个数×50\%+培训或讲课个数×50\%。 \tag{16}$$

(10)技术资产部分的指标又有3个：技术基础价值、技术服务价值、技术创新价值，其中技术基础价值占比为60%，其在团队胜任力模型中的权重为2.4%；技术服务价值占比30%，在团队胜任力模型中的权重为1.2%；技术创新价值占比10%，其在团队胜任力模型中的权重为0.4%。

技术资产计算公式是：

$$技术资产=技术基础价值×60\%+技术服务价值×30\%+技术创新价值×10\% \tag{17}$$

(11)技术能力部分的指标又有2个：稳定性、性能。其中稳定性占比60%，其在团队胜任力模型中的权重为7.2%；性能占比40%，在团队胜任力模型中的权重为4.8%。

技术能力计算公式是：

$$技术能力=稳定性\times60\%+性能\times40\% \tag{18}$$

经三级指标拆解后，将公式(8)至公式(18)代入公式(7)，得到团队胜任力模型的计算公式是：

$$\begin{aligned}团队胜任力=&\left(\frac{线上故障个数}{产品需求个数}\times19.2\%+\frac{bug个数}{技术需求个数}\times4.8\%+\right.\\&按时交付效率\times8.4\%+提前交付效率\times1.2\%+延后交付效率\times\\&\left.2.4\%+\frac{完成技术需求个数}{接收技术需求个数}\times1.6\%+\frac{接收技术需求个数}{全部技术需求个数}\times2.4\%\right)+\\&(客观标准人天\times5\%+客观人天\times5\%)+\left(\frac{实际标准人天}{客观标准人天}\times4\%+\right.\\&\left.\frac{有效标准人天}{实际标准人天}\times6\%\right)+\left(\frac{费用}{级别}\times20\%\right)+(培训程序员个数\times2\%+\\&培训或讲课个数\times2\%+技术基础价值\times2.4\%+技术服务价值\times\\&1.2\%+技术创新价值\times0.4\%+稳定性\times7.2\%+性能\times4.8\%)\end{aligned} \tag{19}$$

4. 四级指标

团队胜任力模型四级指标是把没有拆分到叶子指标的三级指标进行进一步拆分，拆到这一步，所有的指标都能够通过技术团队的日常工作得到。团队胜任力模型四级指标见表5-11。

这部分主要是把团队产出中的质量和效率两部分再拆分为叶子指标，并把团队成长中的技术基础价值、技术服务价值和技术创新价值部分拆分为叶子指标。

(1)质量部分。

把线上故障和bug拆分成功能性、稳定性和性能，与第4章第1节一致，占比分别是50%、30%、20%，则其在团队胜任力模型中的权重分别是9.6%、5.76%、3.84%。

表 5-11　团队胜任力模型四级指标

<table>
<tr><th rowspan="2">一级指标</th><th rowspan="2">二级指标</th><th rowspan="2">三级指标</th><th rowspan="2">四级指标</th><th>一级指标</th><th colspan="2">二级指标</th><th colspan="2">三级指标</th><th colspan="2">四级指标</th></tr>
<tr><th>权重</th><th>权重</th><th>二级占一级的比例</th><th>权重</th><th>三级占二级的比例</th><th>权重</th><th>四级占三级的比例</th></tr>
<tr><td rowspan="19">团队产出</td><td rowspan="12">质量</td><td rowspan="3">线上故障个数</td><td>功能性故障个数</td><td rowspan="19">40%</td><td rowspan="12">24. 0%</td><td rowspan="12">60%</td><td rowspan="6">19. 2%</td><td rowspan="6">80%</td><td>9. 60%</td><td>50%</td></tr>
<tr><td>稳定性故障个数</td><td>5. 76%</td><td>30%</td></tr>
<tr><td>性能故障个数</td><td>3. 84%</td><td>20%</td></tr>
<tr><td rowspan="3">线上故障修复时长</td><td>功能性故障修复时长</td><td>0</td><td>0</td></tr>
<tr><td>稳定性故障修复时长</td><td>0</td><td>0</td></tr>
<tr><td>性能故障修复时长</td><td>0</td><td>0</td></tr>
<tr><td rowspan="3">bug 个数</td><td>功能性 bug 个数</td><td rowspan="6">4. 8%</td><td rowspan="6">20%</td><td>2. 40%</td><td>50%</td></tr>
<tr><td>稳定性 bug 个数</td><td>1. 44%</td><td>30%</td></tr>
<tr><td>性能 bug 个数</td><td>0. 96%</td><td>20%</td></tr>
<tr><td rowspan="3">bug 修复时长</td><td>功能性 bug 修复时长</td><td>0</td><td>0</td></tr>
<tr><td>稳定性 bug 修复时长</td><td>0</td><td>0</td></tr>
<tr><td>性能 bug 修复时长</td><td>0</td><td>0</td></tr>
<tr><td rowspan="5">效率</td><td>按时交付效率</td><td>按时交付需求个数</td><td rowspan="5">12. 0%</td><td rowspan="5">30%</td><td>8. 4%</td><td>70%</td><td>8. 4%</td><td>100%</td></tr>
<tr><td rowspan="2">提前交付效率</td><td>提前交付需求个数</td><td rowspan="2">1. 2%</td><td rowspan="2">10%</td><td>1. 20%</td><td>100%</td></tr>
<tr><td>提前交付时长</td><td>0</td><td>0</td></tr>
<tr><td rowspan="2">延后交付效率</td><td>延后交付需求个数</td><td rowspan="2">2. 4%</td><td rowspan="2">20%</td><td>2. 40%</td><td>100%</td></tr>
<tr><td>延后交付时长</td><td>0</td><td>0</td></tr>
<tr><td>完成率</td><td>完成技术需求个数</td><td>—</td><td>1. 6%</td><td>4%</td><td>1. 6%</td><td>100%</td><td>—</td><td>—</td></tr>
<tr><td>参与率</td><td>接收技术需求个数</td><td>—</td><td>2. 4%</td><td>6%</td><td>2. 4%</td><td>100%</td><td>—</td><td>—</td></tr>
</table>

续上表

一级指标	二级指标	三级指标	四级指标	一级指标权重	二级指标权重	二级指标二级占一级的比例	三级指标权重	三级指标三级占二级的比例	四级指标权重	四级指标四级占三级的比例
团队能力	研发容量	客观标准人天	—	10%	5. 0%	50%	5. 0%	100%	—	—
	研发能力	客观人天	—		5. 0%	50%	5. 0%	100%	—	—
团队效率	研发投入率	实际标准人天	—	10%	4. 0%	40%	4. 0%	100%	—	—
	研发人效	有效标准人天	—		6. 0%	60%	6. 0%	100%	—	—
团队成本	费用	—	—	20%	10. 0%	50%	—	—	—	—
	级别	—	—		10. 0%	50%	—	—	—	—
团队成本	团队提升	培养程序员个数	—	20%	4. 0%	20%	2. 0%	50%	—	—
		培训/讲课个数	—				2. 0%	50%	—	—
	技术资产	技术基础价值	代码/数据		4. 0%	20%	2. 4%	60%	2. 04%	85%
			文档/模型						0. 36%	15%
		技术服务价值	技术平台/组件个数				1. 2%	30%	1. 20%	100%
		技术创新价值	技术专利个数				0. 4%	10%	0. 24%	60%
			软著个数						0. 04%	10%
			技术书籍个数						0. 04%	10%
			技术文章个数						0. 04%	10%
			开源个数						0. 04%	10%
	技术能力	稳定性	—		12. 0%	60%	7. 2%	60%	—	—
		性能	—				4. 8%	40%	—	—

质量计算公式是：

$$质量=\frac{功能性故障个数}{产品需求个数}\times 9.6\%+\frac{稳定性故障个数}{产品需求个数}\times 5.76\%+\frac{性能故障个数}{产品需求个数}\times 3.84\%+\frac{功能性\ bug\ 个数}{技术需求个数}\times 2.4\%+\frac{稳定性\ bug\ 个数}{技术需求个数}\times 1.44\%+\frac{性能\ bug\ 个数}{技术需求个数}\times 0.96\% \tag{20}$$

(2)效率部分。

把效率分为按时交付需求个数、提前交付需求个数、延后交付需求个数三个主指标和提前交付时长、延后交付时长两个辅指标，与第4章第2节一致，其在团队胜任力模型中的权重分别是8.4%、1.2%、2.4%。

效率计算公式是：

$$效率=\frac{按时交付需求个数}{技术需求个数}\times 8.4\%+\frac{提前交付需求个数}{技术需求个数}\times 1.2\%+\frac{延后交付需求个数}{技术需求个数}\times 2.4\% \tag{21}$$

(3)技术基础价值部分。

把技术基础价值拆分成代码/数据个数和文档/模型个数，与第3章第5节一致，则其在团队胜任力模型中的权重分别是2.04%和0.36%。

技术基础价值计算公式是：

$$技术基础价值=代码或数据个数\times 2.04\%+文档或模型个数\times 0.36\% \tag{22}$$

(4)技术服务价值部分。

把技术服务价值拆分成技术平台或技术组件个数，与第3章第5节一致，则其在团队胜任力模型中的权重是1.2%。

技术服务价值计算公式是：

$$技术服务价值=技术平台或技术组件个数\times 1.2\%。 \tag{23}$$

(5)技术创新价值部分。

把技术创新价值拆分成技术专利个数、软著个数、技术书籍个数、技术文章个数、开源个数，与第3章第5节一致，其中技术专利占比60%，则其在团队胜任力模型中的权重是 0.24%；软著、技术书籍、技术文章、开源均占比 10%，则其在团队胜任力模型中的权重时 0.04%。

技术创新价值计算公式是：

$$\begin{aligned}&\text{技术创新价值}=\text{技术专利个数}\times 0.24\%+\text{软著个数}\times 0.04\%+\text{技术}\\&\text{书籍个数}\times 0.04\%+\text{技术文章个数}\times 0.04\%+\text{开源个数}\times 0.04\%\end{aligned} \tag{24}$$

经四级指标拆解后，将公式(20)至公式(24)代入公式(19)最终推导出团队胜任力模型的公式。

$$\begin{aligned}&\text{团队胜任力}=\left(\frac{\text{功能性故障个数}}{\text{产品需求个数}}\times 9.6\%+\frac{\text{稳定性故障个数}}{\text{产品需求个数}}\times\right.\\&5.76\%+\frac{\text{性能故障个数}}{\text{产品需求个数}}\times 3.84\%+\frac{\text{功能性 bug 个数}}{\text{技术需求个数}}\times 2.4\%+\\&\frac{\text{稳定性 bug 个数}}{\text{技术需求个数}}\times 1.44\%+\frac{\text{性能 bug 个数}}{\text{技术需求个数}}\times 0.96\%+\\&\frac{\text{按时交付需求个数}}{\text{技术需求个数}}\times 8.4\%+\frac{\text{提前交付需求个数}}{\text{技术需求个数}}\times 1.2\%+\\&\frac{\text{延后交付需求个数}}{\text{技术需求个数}}\times 2.4\%+\frac{\text{完成技术需求个数}}{\text{接收技术需求个数}}\times 1.6\%+\\&\left.\frac{\text{接收技术需求个数}}{\text{全部技术需求个数}}\times 2.4\%\right)+(\text{客观标准人天}\times 5\%+\text{客观人}\\&\text{天}\times 5\%)+\left(\frac{\text{实际标准人天}}{\text{客观标准人天}}\times 4\%+\frac{\text{有效标准人天}}{\text{实际标准人天}}\times 6\%\right)+\\&\left(\frac{\text{费用}}{\text{级别}}\times 20\%\right)+(\text{培养程序员个数}\times 2\%+\text{培训或讲课个数}\times\\&2\%+\text{代码或数据个数}\times 2.04\%+\text{文档或模型个数}\times 0.36\%+\\&\text{技术平台或组件个数}\times 1.2\%+\text{技术专利个数}\times 0.24\%+\text{软著}\\&\text{个数}\times 0.04\%+\text{技术书籍个数}\times 0.04\%+\text{技术文章个数}\times\\&0.04\%+\text{开源个数}\times 0.04\%+\text{稳定性}\times 7.2\%+\text{性能}\times 4.8\%)\end{aligned} \tag{25}$$

5.2.4 采用基准值计算团队胜任力模型

实际上，真正去落地实施时，技术管理者同样可以直接采用基准值来计算团队胜任力模型。技术团队的基准值完全继承了上一节技术人员的个人胜任力模型的基准值做法,也就是说,根据个人胜任力值来计算团队胜任力值,从而得到团队胜任力分数,实施过程分三步:第一,制定基准参照系;第二,在基准值下,制定团队胜任力计算公式;第三,依据公式计算团队胜任力分数。

1. 制定基准参照系

基准参照系中的基准值与个人胜任力模型一致,基准分依然是对应的权重乘以60,见表5-12。

表5-12 团队胜任力模型基准参照系示例

一级指标	四级指标	四级指标	基准参照系
		权重	基准分数
团队产出	功能性故障个数	9.60%	5.76
	稳定性故障个数	5.76%	3.46
	性能故障个数	3.84%	2.30
	功能性 bug 个数	2.40%	1.44
	稳定性 bug 个数	1.44%	0.86
	性能 bug 个数	0.96%	0.58
	按时交付需求个数	8.40%	5.04
	提前交付需求个数	1.20%	0.72
	延后交付需求个数	2.40%	1.44
	完成技术需求个数	1.60%	0.96
	接收技术需求个数	2.40%	1.44
团队能力	客观标准人天	5.00%	3.00
	客观人天	5.00%	3.00
团队效率	实际标准人天	4.00%	2.40
	有效标准人天	6.00%	3.60
团队成本	费用	10.00%	6.00
	级别	10.00%	6.00

续上表

一级指标	四级指标	四级指标	基准参照系
		权重	基准分数
团队成长	培养程序员个数	2.00%	1.20
	培训/讲课个数	2.00%	1.20
	代码/数据	2.04%	1.22
	文档/模型	0.36%	0.22
	技术平台/组件个数	1.20%	0.72
	技术专利个数	0.24%	0.14
	软著个数	0.04%	0.02
	技术书籍个数	0.04%	0.02
	技术文章个数	0.04%	0.02
	开源个数	0.04%	0.02
	稳定性	7.20%	4.32
	性能	4.80%	2.88

2. 制定计算公式

具体计算团队胜任力分数的逻辑思路经提炼其实就是 3 种，见表 5-13。

表 5-13　团队胜任力模型计算公式示例

一级指标	四级指标	四级指标胜任力分数计算公式
团队产出	功能性故障个数	团队中每个人胜任力值求和/团队人数×基准分
	稳定性故障个数	团队中每个人胜任力值求和/团队人数×基准分
	性能故障个数	团队中每个人胜任力值求和/团队人数×基准分
	功能性 bug 个数	团队中每个人胜任力值求和/团队人数×基准分
	稳定性 bug 个数	团队中每个人胜任力值求和/团队人数×基准分
	性能 bug 个数	团队中每个人胜任力值求和/团队人数×基准分
	按时交付需求个数	团队中每个人胜任力值求和/团队人数×基准分
	提前交付需求个数	团队中每个人胜任力值求和/团队人数×基准分
	延后交付需求个数	团队中每个人胜任力值求和/团队人数×基准分
	完成技术需求个数	团队中每个人胜任力值求和/团队人数×基准分
	接收技术需求个数	团队中每个人胜任力值求和/团队人数×基准分

续上表

一级指标	四级指标	四级指标胜任力分数计算公式
团队能力	客观标准人天	团队中每个人胜任力值求和/团队人数×基准分
	客观人天	团队中每个人胜任力值求和/团队人数×基准分
团队效率	实际标准人天	团队中每个人胜任力值求和/团队人数×基准分
	有效标准人天	团队中每个人胜任力值求和/团队人数×基准分
团队成本	费用	团队中每个人胜任力值求和/团队人数×基准分
	级别	团队中每个人胜任力值求和/团队人数×基准分
团队成长	培养程序员个数	团队中每个人胜任力值求和/团队人数×基准分
	培训/讲课个数	团队中每个人胜任力值求和/团队人数×基准分
	代码/数据	团队中每个人胜任力值求和/团队人数×基准分
	文档/模型	团队中每个人胜任力值求和/团队人数×基准分
	技术平台/组件个数	团队中每个人胜任力值求和/团队人数×基准分
	技术专利个数	团队中每个人胜任力值求和/团队人数×基准分
	软著个数	团队中每个人胜任力值求和/团队人数×基准分
	技术书籍个数	团队中每个人胜任力值求和/团队人数×基准分
	技术文章个数	团队中每个人胜任力值求和/团队人数×基准分
	开源个数	团队中每个人胜任力值求和/团队人数×基准分
	稳定性	按照稳定性标准来计算
	性能	按照性能标准来计算

计算公式逻辑一：

$\text{分数}=\frac{\sum \text{技术团队每个人胜任力值}}{\text{团队人数}}\times\text{基准分}$，此计算公式的逻辑很清晰明了，即技术团队中每个人的胜任力值构成技术团队的整体胜任力值，因此，它继承的个人胜任力模型的 27 个指标都按照此逻辑进行计算。

计算公式逻辑二：

稳定性的计算逻辑参照第 3 章第 2 节的稳定性标准，见表 5-14。

表 5-14　稳定性计算逻辑

故障等级	标　　准	权　　重
S0	不超过 2 个/年	50%
S1 以上	不超过 3 个/年	30%
S2 以上	不超过 9 个/年	10%
S3 以上	不超过 18 个/年	10%

这是有别于个人胜任力模型的内容，举例解释一下，假设 S1 级的故障有 1 个，其他级别的故障是 0 个，则：

S1 的 30% 权重只能得到$\frac{2}{3}\times 30\% = 20\%$ ，因此在稳定性上就是得到 90% 的分数。

团队胜任力的稳定性分数就是 90% ×稳定性基准分 = 90% ×4. 32 = 3. 888。

计算公式逻辑三：

性能的计算逻辑参照第 3 章第 3 节的性能标准，如图 5-2 所示。

系统级别	前端性能承诺				权重
	首屏时间	用户可交互时间	白屏时间	页面总下载时间	
P0	0秒~1秒	0秒~2秒	0秒~300毫秒	0秒~2秒	50%
P1	0秒~1秒	0秒~2秒	0秒~300毫秒	0秒~2秒	30%
P2	1秒~2秒	2秒~3秒	300毫秒~1秒	2秒~3秒	10%
P3	2秒~5秒	3秒~8秒	1秒~2秒	3秒~8秒	10%
P4	2秒~5秒	3秒~8秒	1秒~2秒	3秒~8秒	

系统级别	后端性能标准						权重
	日常			大促期间			
	响应时间	吞吐量		响应时间	吞吐量		
		QPS/TPS	并发量		QPS/TPS	并发量	
P0	400毫秒	峰值×(1+20%)	峰值×(1+20%)	300毫秒	预估量×(1+20%)	预估量×(1+20%)	50%
P1	400毫秒	峰值×(1+20%)	峰值×(1+20%)	300毫秒	预估量×(1+20%)	预估量×(1+20%)	30%
P2	900毫秒	峰值×(1+10%)	峰值×(1+10%)	700毫秒	预估量×(1+10%)	预估量×(1+10%)	10%
P3	1.8秒	峰值×(1+5%)	峰值×(1+5%)	1.5秒	预估量×(1+5%)	预估量×(1+5%)	10%
P4	1.8秒	峰值	峰值	1.5秒	预估量	预估量	

图 5-2　性能计算逻辑

例如，假设某个P0级页面的首屏时间是2秒，P1级接口的响应时间500毫秒，则：

P0级前端的4个标准首屏、用户可交互、白屏、页面总下载满足了3项，因此前端P0级50%权重得到$\frac{3}{4}\times 50\% = 37.5\%$，在前端性能上就是得到$37.5\% + 30\% + 10\% + 10\% = 87.5\%$的分数。

P1级后端的2个标准日常、大促期间满足了1项，因此后端P1级30%权重得到$\frac{1}{2}\times 30\% = 15\%$，因此在后端性能上就是得到$50\% + 15\% + 10\% + 10\% = 85\%$的分数。

团队胜任力的性能分数就是$(87.5\% \times 50\% + 85 \times 50\%) \times$稳定性基准分$= 86.25\% \times 2.88 = 2.484$。

3. 计算团队胜任力分数

以小明团队的胜任力模型为例加以说明，见表5-15。根据上述三个公式用小明团队的每个人的个人值加和求平均再乘以基准分，能够计算得出小明团队的团队胜任力“四级指标分数”这一列，再进行加和，即可得到小明团队的团队产出分数为27.899，团队能力分数为6.225，团队效率分数为5.708，团队成本分数为12，团队成长分数为13.938。

表5-15 团队胜任力模型

一级指标	四级指标	基准参照系	小明团队		标准人员	小明胜任力值		小应胜任力值		小磊胜任力值		小琦胜任力值	
		基准分数	一级指标分数	四级指标分数	基准值	四级指标	个人值	四级指标	个人值	四级指标	个人值	四级指标	个人值
团队产出	功能性故障个数	5.76	27.899	4.032	1	0.50	1.5	1.20	0.8	0.20	1.8	0.90	1.1
	稳定性故障个数	3.46		3.802	1	1.10	0.9	1.10	0.9	1.10	0.9	1.10	0.9
	性能故障个数	2.30		2.995	1	1.30	0.7	1.30	0.7	1.30	0.7	1.30	0.7
	功能性bug个数	1.44		1.200	3	0.67	4	1.00	3	0.33	5	1.33	2
	稳定性bug个数	0.86		1.368	3	1.67	1	2.00	0	1.33	2	1.33	2

续上表

一级指标	四级指标	基准参照系	小明团队		标准人员	小明胜任力值		小应胜任力值		小磊胜任力值		小琦胜任力值	
		基准分数	一级指标分数	四级指标分数	基准值	四级指标	个人值	四级指标	个人值	四级指标	个人值	四级指标	个人值
团队产出	性能 bug 个数	0. 58	27. 899	1. 152	3	2. 00	0	2. 00	0	2. 00	0	2. 00	0
	按时交付需求个数	5. 04		7. 920	3. 5	1. 71	6	1. 43	5	1. 14	4	2. 00	7
	提前交付需求个数	0. 72		1. 080	0. 5	2. 00	1	2. 00	1	2. 00	1	0. 00	0
	延后交付需求个数	1. 44		1. 440	1	1. 00	1	2. 00	0	0. 00	2	1. 00	1
	完成技术需求个数	0. 95		1. 200	5	1. 40	7	1. 20	6	1. 00	5	1. 40	7
	接收技术需求个数	1. 44		1. 710	8	1. 25	10	1. 25	10	1. 00	8	1. 75	10
团队能力	客观标准人天	3. 00	6. 225	3. 225	1	1. 25	1. 25	1. 25	1. 25	0. 80	0. 8	1. 00	1
	客观人天	3. 00		3. 000	1	1. 00	1	1. 00	1	1. 00	1	1. 00	1
团队效率	实际标准人天	2. 40	5. 708	2. 220	1	1. 00	1	0. 90	0. 9	0. 80	0. 8	1. 00	1
	有效标准人天	3. 60		3. 488	0. 8	1. 00	0. 8	1. 00	0. 8	0. 75	0. 6	1. 13	0. 9
团队成本	费用	6. 00	12. 000	5. 750	18 000	0. 89	20 000	0. 78	22 000	1. 22	14 000	0. 94	19 000
	级别	6. 00		6. 250	6	1. 17	7	1. 17	7	0. 83	5	1. 00	6
团队成长	培养程序员个数	1. 20	13. 938	2. 100	1	2. 00	2	3. 00	3	1. 00	1	1. 00	1
	培训/讲课个数	1. 20		3. 300	1	2. 00	2	4. 00	4	0. 00	0	5. 00	5
	代码/数据	1. 22		1. 224	200	1. 10	220	1. 05	210	0. 90	180	0. 95	190
	文档/模型	0. 22		0. 216	1	1. 00	1	1. 00	1	1. 00	1	1. 00	1
	技术平台/组件个数	0. 72		0. 540	1	1. 00	1	1. 00	1	0. 00	0	1. 00	1
	技术专利个数	0. 14		0. 108	1	1. 00	1	1. 00	1	0. 00	0	1. 00	1
	软著个数	0. 02		0. 018	1	1. 00	1	1. 00	1	0. 00	0	1. 00	1
	技术书籍个数	0. 02		0. 018	1	1. 00	1	1. 00	1	0. 00	0	1. 00	1

续上表

一级指标	四级指标	基准参照系	小明团队		标准人员	小明胜任力值		小应胜任力值		小磊胜任力值		小琦胜任力值	
		基准分数	一级指标分数	四级指标分数	基准值	四级指标	个人值	四级指标	个人值	四级指标	个人值	四级指标	个人值
团队成长	技术文章个数	0.02	13.938	0.024	1	1.00	1	1.00	1	1.00	1	1.00	1
	开源个数	0.02		0.018	1	1.00	1	1.00	1	0.00	0	1.00	1
	稳定性	4.32		3.888	S1 级故障 1 个								
	性能	2.88		2.484	P0 级页面的首屏时间是 2 秒,P1 级接口的响应时间 500 毫秒								

单看小明团队的这些数字可能会让人很费解,继续以雷达图的方式来直观感受团队胜任力模型的魅力,如图 5-3 所示。

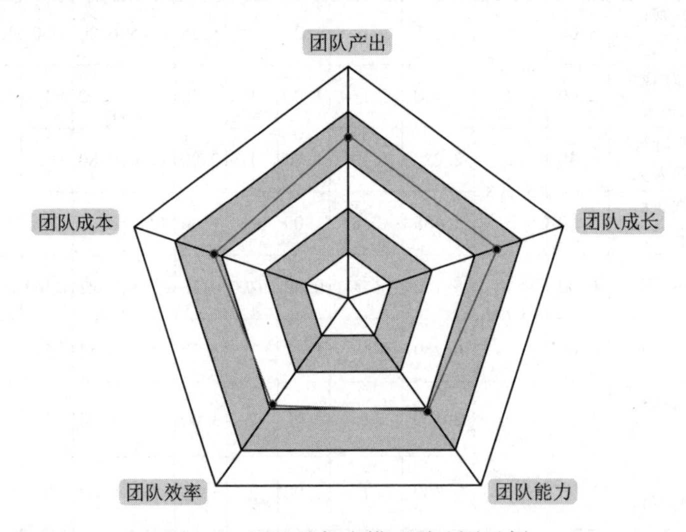

图 5-3　团队胜任力模型雷达图示例

简单地讲,小明团队在团队产出和团队成长方面做得还不错,但是在团队成本稍高的情况下,团队效率却有点低,这大概率是因为小明团队的管理有点松散,这种情况值得技术管理者深入挖掘具体原因,并对症下药,将技术人员该调动调动,该鼓励鼓励,该鞭策鞭策,总之要引起足够重视。

这个一级指标的雷达图可以表示一些内容,如果再将其拆分为二级、三级、四级指标的雷达图,一定会让作为技术管理者的你极为舒适。“纸上得来终觉浅,绝知此事要躬行”,技术管理者可以将其应用到对自己团队的管理中。如果每个技术团队都建立团队胜任力模型,那么对于公司来说进行技术团队的考、优、培、升简直是小菜一碟子。

本节从团队胜任力角度切入,阐述如何更加全面、客观、科学地去评价一个技术团队,主要包括团队能力、团队效率、团队成本、团队产出、团队成长等五个方面。

读完本节,你就可以通过团队胜任力模型来有理有据地告诉老板:技术团队的整体情况到底如何。可以说,团队胜任力模型是全面评价技术团队的不二法门,是把团队、技术和技术支持业务的所有数据指标集合在一起才得以构建出来的,有了它,你可以在团队管理时哪里有问题抓哪里,从而高质、高效地完成公司的目标。

上一节是从个人的角度集合全部数据指标来辅助技术工作,这一节是从团队的角度集合全部数据指标来指导技术工作,那下一节将从技术价值的角度集合全部数据指标来表达技术工作,这样一步一步递进来让技术工作更加完善。就在下一节,我们不见不散。

5.3 技术价值模型的定义和指标——衡量技术价值的不二法门

要想全面、准确地衡量技术的价值,最帅气的评价体系就是技术价值模型。所谓技术价值模型就是以数据为基础,通过团队价值、技术价值、业务价值这 3 个一级指标来表示技术价值,其中,3 个一级指标又拆分为 8 个二级指标、20 个三级指标,共计 24 个数据指标来构建数学模型,给技术价值进行一个全面又准确的评定,从而让公司达到公司上下对技术工作充分了解的状态,告别神秘莫测的日子。

半分钟小故事——如何全面评价技术的价值

"冠军，我特别想知道我投入最大的技术到底能够创造多少价值。我发现只是从技术资产的角度去衡量技术价值是不公平的，例如我有一些在数据库方面很资深的人才，人才本身也是价值吧？这些又该如何衡量呢？"

"老板，这是个非常好的问题。是这样的，理论上技术工作都是为了现在或将来的价值而服务的，而技术人才就是技术工作的基础，当然是很有价值的存在。评价技术价值需要一个全面的体系来进行，就是传说中的技术价值模型。"

作为技术管理者，你可能会面对老板提出的上述挑战，也经常会被无法全面评价技术价值的问题所困扰。实际上，这些问题背后的逻辑是，对技术团队的评价体系不够全面科学。坦白讲，技术管理者需要一个全面、准确的评价体系，去评价技术价值，这关乎技术的生死存亡，这个评价体系就是技术价值模型，有了它，技术在公司的地位就会往上蹿。值得注意的是，技术即使做了再多的事，如果没有办法表达出来，那都是零，这样甚至会让技术人员吃了上顿没下顿，一定要引起技术管理者的重视。

以下详细讲解技术价值模型。技术价值模型分为三步：第一，技术价值模型的定义；第二，技术价值模型的价值；第三，技术价值模型的详细指标。

5.3.1 技术价值模型的定义

简单地讲，技术价值模型可以全面衡量技术价值，它是评价技术价值大小的数据指标体系，用团队价值、技术价值和业务价值这三个维度来表示，可以说它是第 2 章技术团队的数据指标、第 3 章技术本身的数据指标和第 4 章技术支持业务的数据指标的合集。

5.3.2 技术价值模型的价值

技术价值模型的价值就是用通俗易懂的方式,全面准确地表达技术的价值,统一老板、业务人员和技术人员的认识,让技术人员的每一项工作都能被表达,让技术的每一分价值都能够被衡量,从而让技术得到公平公正的评价。

现如今无论是老板,还是业务人员,甚至很多技术人员,大家对技术的价值都是一知半解,认为技术的价值就在完成业务需求和技术创新这两个方面。不可否认,这两个方面确实属于技术价值的范畴,但是这两方面只是技术价值的一部分,技术人员还花了大把时间在做基础性的、支持性的工作,这些工作才是会创造更多价值的存在,所以技术管理者尤其需要不遗余力地把这部分价值表达出来,否则就会非常吃亏。

5.3.3 技术价值模型的详细指标

接下来进入技术价值模型的详细指标和计算公式的讲解。技术价值模型的指标最重要的就是全面,任何因素都不放过,总计 24 个叶子指标,3 个一级指标,8 个二级指标,20 个三级指标,这三级指标层层递进,最终会形成一个比较完美的模型。

1. 一级指标

技术价值模型一级指标是概括性指标,见表 5-16,它分为 3 个方面:业务价值、技术价值和团队价值。

表 5-16 技术价值模型一级指标

一级指标	一级指标权重
业务价值	40%
技术价值	40%
团队价值	20%

(1)业务价值。

业务价值是指技术为了支持业务所产出的价值,主要包括技术为客户和用户所研发的工具,以及技术为提高运营和产品的工作效率所研发的工具,其在技术价值模型中的权重达到 40%,这部分价值是最能被老板、业务人员所理解、所认可的。

(2)技术价值。

技术价值是指技术为了完成本职工作所产出的价值,主要包括代码等技术基础价值,还有平台等技术服务价值,以及专利等技术创新价值,其在技术价值模型中的权重达到 40%。只要是搞技术的,这部分价值就是其工作的水到渠成之物,一定要把它表达出来,否则是没有人能够理解技术人员的工作内容的。

(3)团队价值。

团队价值是指技术团队人才的价值,其在技术价值模型中的权重是 20%。21 世纪最贵的就是人才,技术管理者需要持续不断地往人才身上打各种技术类标签,再深度挖掘人才的价值。切记,如果只是泛泛地谈人才价值,那是毫无说服力的。

技术价值一级指标的计算公式是:

$$技术价值 = 业务价值 \times 40\% + 技术价值 \times 40\% + 团队价值 \times 20\% \quad (1)$$

2. 二级指标

二级指标把概括性的一级指标进一步细化,见表 5-17,分为 8 个方面:客户工具个数、用户工具个数、运营工具个数、产品工具个数、技术创新价值、技术服务价值、技术基础价值、人员情况。

表 5-17 技术价值模型二级指标

一级指标	二级指标	一级指标	二级指标	
		权重	权重	二级占一级的比例
业务价值	客户工具个数	40%	16%	40%
	用户工具个数		12%	30%
	运营工具个数		8%	20%
	产品工具个数		4%	10%

续上表

一级指标	二级指标	一级指标	二级指标	
		权重	权重	二级占一级的比例
技术价值	技术创新价值	40%	8%	20%
	技术服务价值		12%	30%
	技术基础价值		20%	50%
团队价值	人员情况	20%	20%	100%

(1)业务价值部分的指标有 4 个:客户工具个数、用户工具个数、运营工具个数和产品工具个数。这里遵循一个大的原则:越靠近用户侧的工具价值越大。客户和用户工具更加靠近台前,因此占比较多,分别是 40% 和 30%,则其在技术价值模型中的权重是 16% 和 12%。运营和产品更加靠近幕后,因此占比相对少一些,分别是 20% 和 10%,其在技术价值模型中的权重是 8% 和 4%。

业务价值的计算公式是:

业务价值=客户工具个数×40%+用户工具个数×30%+运营工具个数×20%+产品工具个数×10% (2)

(2)技术价值部分的指标有 3 个:技术基础价值、技术服务价值和技术创新价值。这三个指标与第 3 章第 5 节一致,其中技术基础价值占比达到 50%,其在技术价值模型中的权重是 20%;技术服务价值占比 30%,在技术价值模型中的权重是 12%;技术创新价值占比 20%,在技术价值模型中的权重是 8%。

技术价值的计算公式是:

技术价值=技术基础价值×50%+技术服务价值×30%+技术创新价值×20% (3)

(3)团队价值部分的指标有 1 个:人员情况。这里的人员是需要技术管理者,想方设法打上越来越多、越来越细的技术标签的技术人员。道理也很简单,标签越多,价值点就越多,价值点越多,团队价值就越大,只有如此,技术团队才能够被挖掘出最广、最深的价值。

团队价值的计算公式是:

团队价值=人员情况×100% (4)

举例说明一下。

说法一：我的技术团队有 6 个专家级别的同学。

说法二：我的技术团队有 3 个 Java 专家，有 2 个前端专家，还有 1 个自然语言处理的专家。

同样的 6 个人，说法二更能够体现团队价值。

经二级指标拆解后，将公式（2）至公式（4）代入公式（1），得到技术价值模型的计算公式是：

技术价值=（客户工具个数×16%+用户工具个数×12%+运营工具个数×8%+产品工具个数×4%）+（技术基础价值×20%+技术服务价值×12%+技术创新价值×8%）+（人员情况×20%） （5）

3. 三级指标

三级指标是在二级指标的基础上更细维度的拆分。三级指标全部都是叶子指标，拆到这一步，所有的指标都能够通过日常的技术工作获得。技术价值模型三级指标见表 5-18，分为 20 个方面。

表 5-18 技术价值模型三级指标

<table>
<tr><th rowspan="2">一级指标</th><th rowspan="2">二级指标</th><th rowspan="2">三级指标</th><th>一级指标</th><th colspan="2">二级指标</th><th colspan="2">三级指标</th></tr>
<tr><th>权重</th><th>权重</th><th>二级占一级的比例</th><th>权重</th><th>三级占二级的比例</th></tr>
<tr><td rowspan="4">业务价值</td><td>客户工具个数</td><td>—</td><td rowspan="4">40%</td><td>16%</td><td>40%</td><td>—</td><td>—</td></tr>
<tr><td>用户工具个数</td><td>—</td><td>12%</td><td>30%</td><td>—</td><td>—</td></tr>
<tr><td>运营工具个数</td><td>—</td><td>8%</td><td>20%</td><td>—</td><td>—</td></tr>
<tr><td>产品工具个数</td><td>—</td><td>4%</td><td>10%</td><td>—</td><td>—</td></tr>
<tr><td rowspan="8">技术价值</td><td rowspan="6">技术创新价值</td><td>专利个数</td><td rowspan="8">40%</td><td rowspan="6">8%</td><td rowspan="6">20%</td><td>1.6%</td><td>20%</td></tr>
<tr><td>软著个数</td><td>1.6%</td><td>20%</td></tr>
<tr><td>书籍个数</td><td>0.8%</td><td>10%</td></tr>
<tr><td>文章个数</td><td>1.6%</td><td>20%</td></tr>
<tr><td>开源个数</td><td>1.2%</td><td>15%</td></tr>
<tr><td>参会个数</td><td>1.2%</td><td>15%</td></tr>
<tr><td rowspan="2">技术服务价值</td><td>技术工具个数</td><td rowspan="2">12%</td><td rowspan="2">30%</td><td>6.0%</td><td>50%</td></tr>
<tr><td>技术组件/技术平台个数</td><td>6.0%</td><td>50%</td></tr>
</table>

续上表

一级指标	二级指标	三级指标	一级指标	二级指标		三级指标	
			权重	权重	二级占一级的比例	权重	三级占二级的比例
技术价值	技术基础价值	模型个数	40%	20%	50%	2.0%	10%
		文档个数				1.0%	5%
		数据个数				5.0%	25%
		代码个数				12.0%	60%
团队价值	人员情况	Java 专家个数	20%	20%	100%	4.0%	20%
		中间件专家个数				2.0%	10%
		前端专家个数				4.0%	20%
		数据库专家个数				2.0%	10%
		运维专家个数				2.0%	10%
		大数据专家个数				2.0%	10%
		自然语言处理专家个数				2.0%	10%
		语音识别专家个数				2.0%	10%

这部分主要是把技术基础价值、技术服务价值和技术创新价值三部分拆分为叶子指标，并根据人员标签把团队价值拆分为叶子指标。

(1)技术基础价值部分的指标有 4 个：代码个数、数据个数、文档个数、模型个数，与第 3 章第 5 节一致，其中代码个数占比达到 60%，其在技术价值模型中的权重为 12%；数据个数占比 25%，其在技术价值模型中的权重是 5%；文档个数占比 5%，在技术价值模型中的权重 1%；模型个数占比 10%，在技术价值模型中的权重是 2%。

技术基础价值计算公式是：

$$技术基础价值=代码个数\times 60\%+数据个数\times 25\%+文档个数\times 5\%+模型个数\times 10\% \quad (6)$$

(2)技术服务价值部分的指标有 2 个：技术平台/技术组件个数、技术工具个数，与第 3 章第 5 节一致，两者占比相同都是 50%，其在技术价值模型中的权重相同，都是 6%

技术服务价值计算公式是：

$$技术服务价值=技术平台或技术组件个数\times 50\%+技术工具个数\times 50\% \quad (7)$$

(3)技术创新价值部分的指标有 6 个:专利个数、软著个数、书籍个数、文章个数、开源个数、参会个数,与第 3 章第 5 节一致,其中专利、软著、文章性价比较高,占比最多达到 20%,其在技术价值模型中的权重是 1.6%;书籍难度最大,占比最少只有 10%,在技术价值模型中的权重是 0.8%;开源和参会占比 15%,在技术价值模型中的权重 1.2%。

技术创新价值计算公式是:

$$\text{技术创新价值}=\text{专利个数}\times 20\%+\text{软著个数}\times 20\%+\text{书籍个数}\times 10\%+\text{文章个数}\times 20\%+\text{开源个数}\times 15\%+\text{参会个数}\times 15\% \tag{8}$$

(4)人员情况部分的指标有 8 个:Java 专家个数、中间件专家个数、前端专家个数、数据库专家个数、运维专家个数、大数据专家个数、自然语言处理专家个数、语音识别专家个数,这是新的指标,其中 Java 专家个数和前端专家个数占比较高,达到 20%,其在技术价值模型中的权重是 4%;其他指标占比 10%,在技术价值模型中的权重为 2%。

人员情况计算公式是:

$$\text{人员情况}=\text{Java 专家个数}\times 20\%+\text{中间件专家个数}\times 10\%+\text{前端专家个数}\times 20\%+\text{数据库专家个数}\times 10\%+\text{运维专家个数}\times 10\%+\text{大数据专家个数}\times 10\%+\text{自然语言处理专家个数}\times 10\%+\text{语音识别专家个数}\times 10\% \tag{9}$$

经三级指标拆解后,将公式(6)至公式(9)代入公式(5),得到技术价值模型的计算公式是:

$$\text{技术价值}=(\text{客户工具个数}\times 16\%+\text{用户工具个数}\times 12\%+\text{运营工具个数}\times 8\%+\text{产品工具个数}\times 4\%)+(\text{代码个数}\times 12\%+\text{数据个数}\times 5\%+\text{文档个数}\times 1\%+\text{模型个数}\times 2\%+\text{技术平台或技术组件个数}\times 6\%+\text{技术工具个数}\times 6\%+\text{专利个数}\times 1.6\%+\text{软著个数}\times 1.6\%+\text{书籍个数}\times 0.8\%+\text{文章个数}\times 1.6\%+\text{开源个数}\times 1.2\%+\text{参会个数}\times 1.2\%)+(\text{Java 专家个数}\times 4\%+\text{中间件专家个数}\times 2\%+\text{前端专家个数}\times 4\%+\text{数据库专家个数}\times 2\%+\text{运维专家个数}\times 2\%+\text{大数据专家个数}\times 2\%+\text{自然语言处理专家个数}\times 2\%+\text{语音识别专家个数}\times 2\%) \tag{10}$$

5.3.4 初始值做法

真正去落地实施时,技术管理者也可以直接采用初始值做法。初始值做法分三步:第一,要通过技术价值模型的维度把技术价值的现状摸清楚;第二,在初始值做法下,制定技术价值计算公式;第三,依据公式计算技术价值分数。

1. 摸清技术价值现状

技术价值现状就是技术价值的初始值,有了初始值才能够知道三个月后、半年后、一年后技术价值提升了多少。技术价值产出是无止境的,没有最多只有更多,技术管理者需要在产出技术价值的道路上大胆地往前走。每家公司的技术价值现状都不尽相同,附上一个初始值算法的初始值示例见表5-19,约定初始分数是60,每一个三级数据指标的初始分就是对应的权重乘以60,初始值就是技术的客观事实,这个具体情况技术管理者是最清楚的。

表5-19　技术价值模型初始值算法的初始值

一级指标	三级指标	三级指标	小明公司技术价值现状	
		权重	初始分数	初始值
业务价值	客户工具个数	16.0%	9.6	30
	用户工具个数	12.0%	7.2	50
	运营工具个数	8.0%	4.8	20
	产品工具个数	4.0%	2.4	10
技术价值	专利个数	1.6%	0.96	2
	软著个数	1.6%	0.96	5
	书籍个数	0.8%	0.48	1
	文章个数	1.6%	0.96	20
	开源个数	1.2%	0.72	1
	参会个数	1.2%	0.72	6
	技术工具个数	6.0%	3.6	9
	技术组件/技术平台个数	6.0%	3.6	6
	模型个数	2.0%	1.2	16
	文档个数	1.0%	0.6	56
	数据个数	5.0%	3	2
	代码个数	12.0%	7.2	100 000

续上表

一级指标	三级指标	三级指标	小明公司技术价值现状	
		权重	初始分数	初始值
团队价值	Java 专家个数	4.0%	2.4	6
	中间件专家个数	2.0%	1.2	3
	前端框架专家个数	4.0%	2.4	2
	数据库专家个数	2.0%	1.2	1
	运维专家个数	2.0%	1.2	2
	大数据专家个数	2.0%	1.2	2
	自认语言处理专家个数	2.0%	1.2	1
	语音识别专家个数	2.0%	1.2	1

2. 制定技术价值计算公式

将具体的技术价值分数的逻辑提炼一下其实就是表 5-20 中的一种。

表 5-20　技术价值模型初始值算法的公式

一级指标	三级指标	三级指标技术价值分数计算公式
业务价值	客户工具个数	结果值/初始值×初始分数
	用户工具个数	结果值/初始值×初始分数
	运营工具个数	结果值/初始值×初始分数
	产品工具个数	结果值/初始值×初始分数
技术价值	专利个数	结果值/初始值×初始分数
	软著个数	结果值/初始值×初始分数
	书籍个数	结果值/初始值×初始分数
	文章个数	结果值/初始值×初始分数
	开源个数	结果值/初始值×初始分数
	参会个数	结果值/初始值×初始分数
	技术工具个数	结果值/初始值×初始分数
	技术组件/技术平台个数	结果值/初始值×初始分数
	模型个数	结果值/初始值×初始分数
	文档个数	结果值/初始值×初始分数
	数据个数	结果值/初始值×初始分数
	代码个数	结果值/初始值×初始分数

续上表

一级指标	三级指标	三级指标技术价值分数计算公式
团队价值	Java 专家个数	结果值/初始值×初始分数
	中间件专家个数	结果值/初始值×初始分数
	前端框架专家个数	结果值/初始值×初始分数
	数据库专家个数	结果值/初始值×初始分数
	运维专家个数	结果值/初始值×初始分数
	大数据专家个数	结果值/初始值×初始分数
	自然语言处理专家个数	结果值/初始值×初始分数
	语音识别专家个数	结果值/初始值×初始分数

计算公式逻辑:分数 = $\frac{结果值}{初始值}$×初始分数,公式的逻辑思路也很好理解,结果值越大说明相对应的技术价值越大。

3. 计算技术价值分数

以小明团队的技术价值模型为例加以说明,见表 5-21。根据上述公式,拿小明公司,技术价值结果值与初始值进行比较,能够计算得出小明公司的技术价值"三级指标分数"这一列,再进行加和,即可得到小明公司的业务价值分数为 24.93,技术本身价值分数为 27.16,团队价值分数为 16。

表 5-21 技术价值模型

一级指标	三级指标	小明公司技术价值现状		小明公司技术价值结果		
		初始分数	初始值	一级指标分数	三级指标分数	技术值
业务价值	业务价值	9.6	30	24.93	10.24	32
	用户工具个数	7.2	50		7.49	52
	运营工具个数	4.8	20		4.80	20
	产品工具个数	2.4	10		2.40	10

续上表

一级指标	三级指标	小明公司技术价值现状		小明公司技术价值结果		
		初始分数	初始值	一级指标分数	三级指标分数	技术值
技术本身价值	专利个数	0.96	2	27.16	0.96	2
	软著个数	0.96	5		1.15	6
	书籍个数	0.48	1		0.72	1.5
	文章个数	0.96	20		1.20	25
	开源个数	0.72	1		0.72	1
	参会个数	0.72	6		0.84	7
	技术工具个数	3.6	9		3.60	9
	技术组件/技术平台个数	3.6	6		4.20	7
	模型个数	1.2	16		1.35	18
	文档个数	0.6	56		0.75	70
	数据个数	3	2		3.75	2.5
	代码个数	7.2	100 000		7.92	110 000
团队价值	Java 专家个数	2.4	6	16.00	4.00	10
	中间件专家个数	1.2	3		1.20	3
	前端框架专家个数	2.4	2		3.60	3
	数据库专家个数	1.2	1		2.40	2
	运维专家个数	1.2	2		1.20	2
	大数据专家个数	1.2	2		1.20	2
	自然语言处理专家个数	1.2	1		1.20	1
	语言识别专家个数	1.2	1		1.20	1

单看小明公司的这些数据可能会很费解,继续以雷达图的方式来直观感受技术价值模型的魅力。

如图 5-4 所示,简单讲,小明公司在团队价值这块做得还不错,积累了各方面的人才,但是在业务价值层面输出得明显不够,技术整体上都需要提高产出，这需要技术管理者调动这些技术大咖，把人才价值转化成业务价值的产出。试想一下，如果每个月都能够构建技术价值模型，那么对于技术管理者来说技术价值的表达、技术价值的衡量、技术价值的提升都将有的放矢。

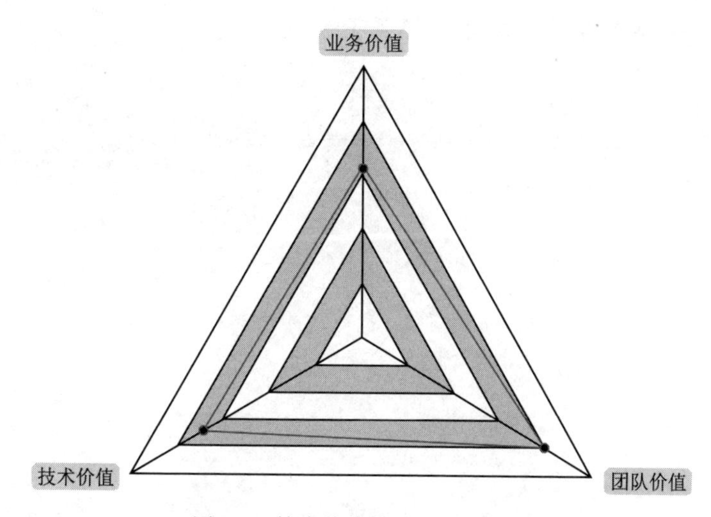

图 5-4　技术价值模型雷达图示例

本节从技术价值模型角度切入，阐述如何更加全面、客观、科学地去评价一个技术团队的工作价值，主要包括团队价值、技术本身价值和业务价值等三个方面。

读完本节，你就能够通过技术价值模型来有理有据地告诉老板：技术团队的工作都产生了哪些价值，该怎么衡量，该怎么提升。

本章小结

到此，本章也告一段落了。全面准确地衡量技术人员、技术团队和技术价值的方法是个人胜任力模型、团队胜任力模型和技术价值模型，这三个模型都是全方面、多角度、立体式的数据指标评价体系，可以认为这三个模型就是本书智慧的集大成者。如果能够融会贯通这三个模型，那么衡量技术工作这个事儿对于你来说就会易如反掌，你可以有始有终地和老板高谈阔论了。坦白讲,现在你真的可以出师了,我已经没有什么可以再教你的了。临别前我再送你五个锦囊,主要是通过数据思维、复盘思维、兵法思维、逻辑思维和利他四维来升华你的技术管理认知。

五个锦囊就在下一章,我们不见不散。

第6章

五种思维强化技术管理者认知

如果说上述五章是我为你写的一本秘籍，那么本章就是我为你写的五个锦囊。很多人读过很多书籍、学习很多知识、明白很多道理，但是仍然做不好技术管理。为了避免重蹈覆辙，我倾情写了五个锦囊给你，这些锦囊至少会让你在遇到技术管理挑战时转危为安。

本章聚焦强化技术管理者的认知层面，通过与数学思维一脉相承的数据思维、复盘思维、兵法思维、逻辑思维和利他思维，让你对技术管理的认知得到升华。在技术管理层面，如果你想拿满分，除了技术管理的数据指标和数据模型之外，还要融会贯通技术管理的思维，请务必仔细读这五个锦囊。

6.1 项目管理——把数据思维应用到技术项目管理中

数字化技术管理是以人为主体，以提升团队和技术的资产价值为目的；目前对技术团队的管理大多是以项目为主体，以交付技术项目为目的。两者从主体层面以及目的层面都有本质的差别，作为技术管理者如果理解不透并强行推行数字化技术管理很大可能会弄巧成拙，很大可能无法发挥数据思维的功效。有鉴于此，我把数字化的内功应用到技术项目管理上，让技术管理者告别有劲没处使的日子。

半分钟小故事——把数据用在项目管理中

?

将来，你的老板会问你："我的技术团队一直都是用技术项目管理的方式在管，运转得也非常良好。但是你一上来就要推数字化技术管理，我担心有些不妥，一来之前技术项目管理的经验全都没用了，二来数字化技术管理也并没有证明会带来很大好处。"

面对此种挑战，你要么是不知所措，要么是步履维艰，要么是如履薄冰，总之都是一种心痛的经历。

当然你可能准备了160种理由去说服老板，但是都不及把数据思维应用到技术项目管理更加有说服力，无缝切换才是最合理的方式。以此先做出来一个标杆，拿到成绩之后再以事实去说服老板，那自然是事半功倍。

数字化技术管理绝对不是为了否定技术项目管理，相反的是为了助力技术项目管理，所以技术项目管理的经验是基础，是非常有用的存在。

要把数据赋能到技术项目管理中，总共分三步：第一，完全掌握数字化IT团队技术管理前五章的内容，把管理团队、技术和技术支持业务的全部数据指标了然于胸；第二，把技术项目管理的各个环节梳理清楚；第三，把数字化和技术项目管理的各个环节匹配起来，做到技术项目管理和数字化技术管理的无缝切换。

6.1.1 融会贯通数字化技术管理的数据指标

要想做好数字化技术管理，技术管理者必须仔细阅读前五章的内容。

6.1.2 梳理技术项目管理的各个环节

关于技术项目管理的各个环节，请参照图6-1所示。我一直秉持的观点就是大道至简，凡是复杂的东西多数是执行不下去的，或者执行的时候变味。

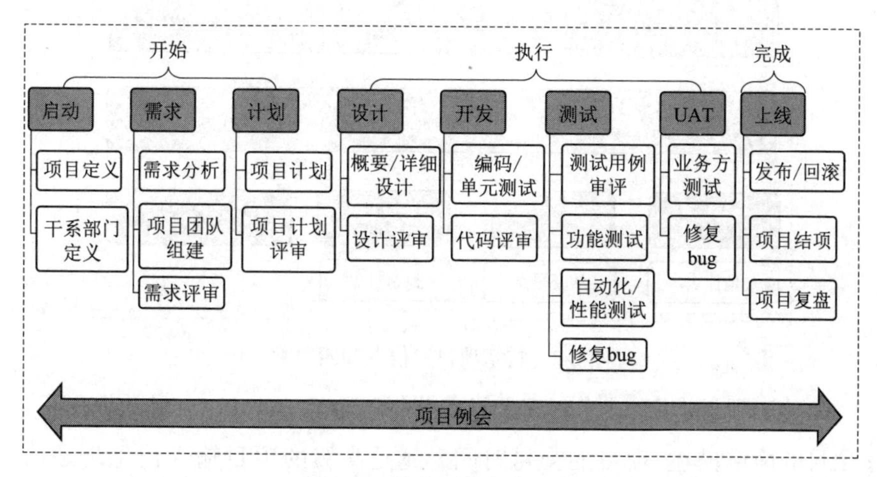

图 6-1　技术项目各个环节

这张图看着有点复杂,实际上对其稍加提炼就是 3 个大阶段、8 个小阶段、20 个环节,而且这些都是技术必备的环节。技术项目开始、技术项目执行和技术项目完成这三阶段与现状目标过程理论异曲同工。

1. 项目开始阶段

项目开始阶段主要聚焦项目负责人以及各个干系部门的牵头人,把项目是什么、从哪里来到哪里去以及怎么去做这几个问题梳理清楚,并宣传贯彻给项目团队,做到全面细致无遗漏。此阶段又分为 3 个小阶段:启动阶段、需求阶段和计划阶段。

(1)项目启动阶段。

项目启动阶段分为 2 个环节:项目定义和干系部门定义。

项目定义环节是一个项目成功的前提条件,不容忽视。因为不可能期望凭一句话,就让逻辑思维很清晰的程序员没日没夜地跟你干,这绝对是不存在的事儿,所以踏踏实实把项目的方方面面掰开了揉碎了向技术人员讲清楚再说。说明白了,这就是告诉项目团队两件事情,一是项目很重要,意义很重大,公司会记得每个参与者的功劳;二是参与这个项目非常有价值,每个人都能获得很大的成长,会得到公司的奖励。技术项目三信息和四要素如图 6-2 所示。

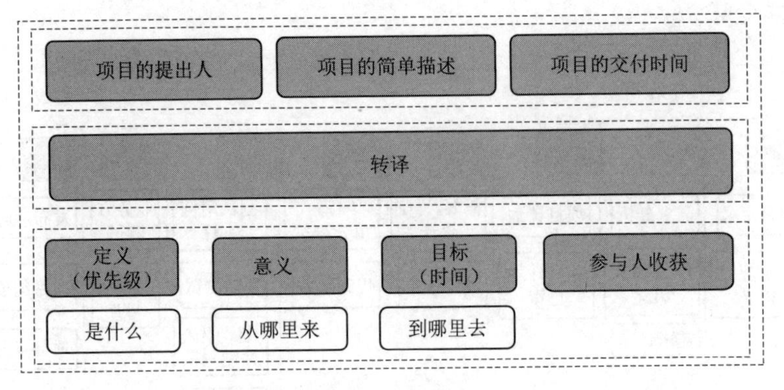

图 6-2 技术项目三信息和四要素

关于项目定义，技术管理者只需获得三个输入信息：项目的提出人、项目的简单描述、项目的交付时间。越是高级的项目输入信息越是简单，因为老板都是高屋建瓴的，没有这么多闲工夫描述细节。

显而易见，这三个信息和项目实施之间至少差着十万八千里的距离，作为技术管理者，你如果只拿着这些和技术人员指点江山，估计会被“怼成狗”。为了避免此等窘境，技术管理者必须把项目三个输入信息转译成项目四要素，这个环节主要体现技术管理者作为项目负责人的功力。说简单也简单，就一条路：尽心尽力地与项目提出人沟通，挖掘所有与项目相关的信息，再总结提炼项目是什么、意义是什么、目标是什么、参与人能够获得什么这四要素，这与输入输出计算理论异曲同工。

此时，作为技术管理者，你真的可以和项目团队慷慨激昂地讲述项目了：“这个项目是老板提出来的，P0 优先级，是战略级项目，交付时间是 2 个月，目标是带来 20% 的新用户增长，能够参与这个项目是公司对诸位最大的肯定，后续还会获得很大的奖励和很大的提升。”相信大部分人都会买单的，一小撮“顽固分子”再各个击破即可。

项目定义环节非常关键的就是定义项目的优先级。项目优先级确定了之后，才能进行后续关于该项目的工作。定义项目优先级的逻辑与第 4 章第 1 节定义业务优先级的思路、逻辑一致。老板提出的项目是 P0 优先级，根据竞争对手调研而产生的项目是 P1 优先级，公司业务相关的项目是 P2 优先级，如图 6-3 所示。

	提出人	优先级
投资人/董事会/老板想法	老板	P0
竞争对手调研	业务	P1
公司业务	业务/运营	P2

图 6-3　项目优先级的模型

根据项目定义环节提炼的项目四要素，项目干系部门是可以确定下来了。以 P0 级项目的干系部门定义举例，如图 6-4 所示，分为三个部分：项目提出方、项目组、项目支持方，P0 级项目的干系部门几乎囊括了公司所有的部门，有前台的老板、业务人员、运营部门，有中台的产品、技术部门，也有后台的人事、行政、财务、法务、品牌等职能部门，还包括第三方的供应商。这样的逻辑也很合理，但凡有不参与 P0 级项目的部门，那就得思考这个部门存在的意义了。

请切记：干系部门尽量全，不要有缺失；务必每一个干系部门至少出一个牵头人来参与项目中，牵头人在整个项目过程中都将扮演独当一面的角色，这是非常重要的。

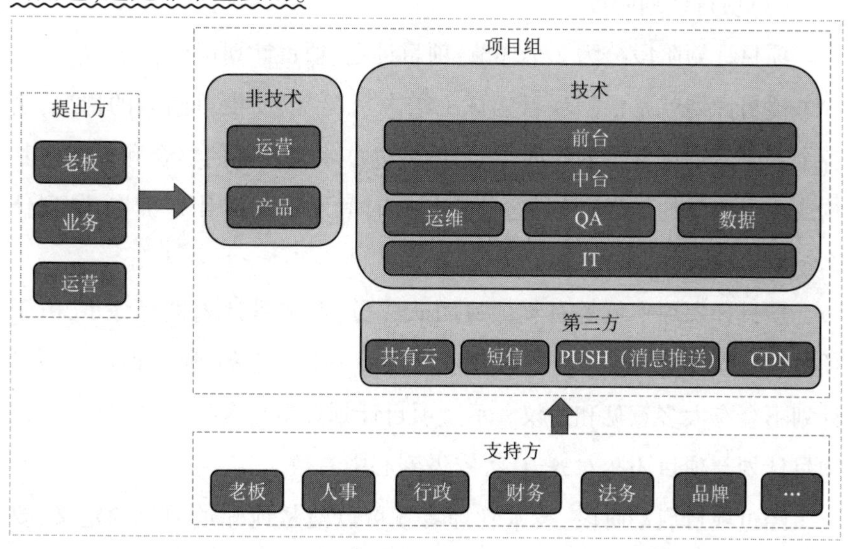

图 6-4　干系部门

(2)项目需求阶段。

项目需求阶段分为3个环节,即需求分析、项目团队组建和需求评审。

需求分析就是把项目启动阶段从项目提出人那里收集的碎片化的信息,经过产品和技术人员详细调研和专业分析,确定项目需要实现哪些功能,从而形成完整、清晰、规范的需求文档的过程。需求分析包括功能性需求、稳定性需求和性能需求三部分内容。作为技术管理者你必须清楚该项目的所有需求,因为技术管理者是整个项目的负责人,如果不清楚,必然会导致这样或那样的问题出现。

项目团队组建就是由干系部门的牵头人拉出各自部门需要的人员组成一个正规军,去实打实地完成项目的交付。由于项目要实现的功能已经非常清晰,依照个人胜任力模型,项目团队甚至可以将工作细化到哪个功能是由哪几个人员实现的程度。

需求评审就是召集项目团队成员,让他们从各自的专业角度评审需求文档,并提出专业的意见和建议,经过几轮之后达成共识。在这里,技术管理者一定要兼收并蓄各种意见和建议,在评审期间团队中技术人员怎么碰撞都可以,但是一旦达成共识,大家就要不遗余力地去实现。

(3)项目计划阶段。

项目计划阶段分为2个环节:项目计划、项目计划评审。

项目计划就是根据项目的详细需求情况,以及项目团队的情况,由各个牵头人制订各自的作战计划,再经过技术管理者的整合和提炼将其构成一个全盘的作战计划,这包括什么时间由谁完成什么工作,拿到什么结果,依赖什么东西等。

项目计划评审就是召集项目团队成员,对项目计划进行评审,由于项目计划大多是各个牵头人以及项目成员一起制定的,所以他们对项目计划不会有太多意见和建议。不过项目计划评审更为重要的目的是,把项目计划与项目团队对齐,让大家做到心中有数。

经过项目启动阶段,技术管理者就可以清楚地知道项目的定义、要做什么功能、由谁来做、什么时间完成等信息。接下来就是要管控项目的执行和落地。

2. 项目执行阶段

项目执行阶段主要聚焦技术人员把技术项目落地的过程,做到保质、保量、保时的交付项目,是整个技术项目的核心所在。此阶段分为4个小阶段:设计阶段、开发阶段、测试阶段、UAT(用户验收测试)阶段。

(1)设计阶段。

设计阶段分为2个环节:概要/详细设计、设计评审,此阶段主要是架构师把关,其和技术人员一起,把产品需求转化成可以落地的技术设计方案,包括技术选型、架构图、接口设计、伪代码等。

(2)开发阶段。

开发阶段分为2个环节:编码/单元测试、代码评审,此阶段主要是技术人员根据设计文档进行具体代码的编写和单元测试,并互相进行代码评审,减少代码bug。

(3)测试阶段。

测试阶段分为4个环节:测试用例评审、功能测试、自动化/性能测试、修复bug,此阶段主要是测试人员在充分理解产品需求的基础上编写测试用例,并按照测试用例进行功能测试、自动化测试和性能测试,技术人员修复测试中发现的bug,以期交付一个高质量的版本。

(4)UAT阶段。

UAT阶段分为2个环节:业务方测试、修复bug,此阶段主要是业务人员、产品人员从用户的角度进行的测试和验收,以期形成一个无限接近用户心智的产品。

经过项目执行阶段,技术团队就可以产出一个功能全面,稳定性、性能良好的产品,接下来就是把产品给到用户去使用。

3. 项目完成阶段

项目完成阶段主要聚焦技术人员把项目上线,从而项目团队作结项报告和项目复盘报告,它分为1个小阶段3个环节:发布/回滚、项目结项、项目复盘。

(1)发布/回滚。

发布/回滚主要是由技术(运维)人员将产品打包上线,如果不幸上线失败即刻回滚。

(2)项目结项。

项目结项主要是技术项目负责人牵头,与项目团队一起书写报告,进行项目结项。

(3)项目复盘。

项目复盘主要是项目负责人牵头,与项目团队一起书写报告,进行项目复盘。

经过项目完成阶段,无论结果如何,技术团队算是从0到1把项目孕育出来了。不过,项目完成之后技术管理者还要多多关注项目的数据表现。

6.1.3 把数据赋能到技术项目管理中

要想把数据赋能到技术管理中,一定要在第一步和第二步了然于胸的基础上才可以做到的,这样做的目的也很明确:①用数据思维武装技术项目管理,让技术项目管理更加数字化。②用合适的资源,高效、高质地交付技术项目,提升技术项目投入产出比。③用技术项目作为实践,提升技术团队价值和技术价值。

其实到这一步,把数据赋能到技术项目管理中的逻辑已经呼之欲出了。综上所述,技术项目管理整体上遵循输入输出计算和现状目标过程,这是两个数字化技术管理的基础理论。各个阶段使用的数字化技术管理的数据指标,如下所述:

1. 项目开始阶段

项目开始阶段,技术管理者依据业务分级规则进行项目分级,再依据项目分级,参照个人胜任力模型、个人研发容量、个人研发能力进行团队组建,为该项目找到最合适的团队。

2. 项目执行阶段

项目执行阶段,技术管理者主要关注项目团队的研发投入率和研发人效,高效地完成项目需求,整体上都要高标准严要求。

3. 项目完成阶段

项目完成阶段,技术管理者首先要注重技术支持业务的质量和效率,技术人员交付的东西必须在一定的水准之上;其次要关注技术资产的积累以及技术团队和技术本身价值的提升,珍惜每一次项目机会,从中尽可能多地积累价值,绝不能掰一个丢一个。

到此,技术管理者真的是可以非常平滑地由技术项目管理切换到数字化技术项目管理了,但是,还有一件事情是做好技术项目管理的必备品:项目例会。

毫不夸张地讲,项目中的大事小情都是通过项目例会来沟通落实的,项目中 90% 的事儿都可以通过沟通解决,另外 10% 通过更多的沟通来解决。

6.1.4 项目例会

项目例会是在技术项目的进程中定期召开的会议,聚焦沟通项目的进展、项目的风险、项目的产出等方面,它的作用有 3 个:①鞭策项目团队,今日事今日毕;②发现项目风险,将其解决于无形;③鼓励项目团队,勇攀高峰。项目的产出物非常重要,可以说它是一个项目成败的直接证明。一是它表示项目的产出,支撑当前项目稳步前进;二是它作为项目的资产被沉淀,为后续的项目添砖加瓦。如果到项目完成时技术团队什么产出物都交不出来,那结果可想而知。产出物需要匹配项目的各个阶段以及各个环节,每个阶段有不同的产出物,如图 6-5 所示。

1. 项目开始阶段产出物

项目开始阶段的产出物包括启动阶段的项目定义文档和干系部门文档;需求阶段的需求分析文档和项目团队文档;计划阶段的项目计划文档。项目团队文档是在干系部门文档基础上演化起来的。

2. 项目执行阶段产出物

项目执行阶段产出物包括设计阶段的概要和详情设计文档;开发阶

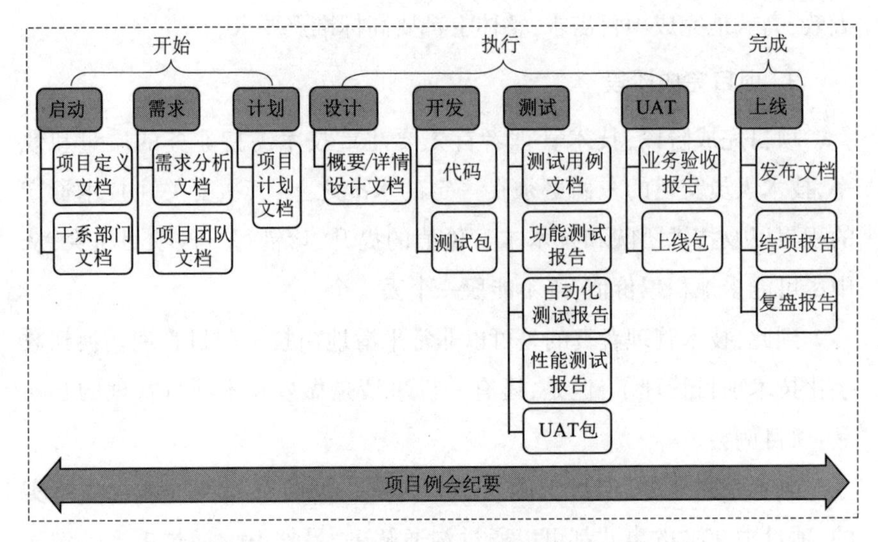

图 6-5　技术项目产出物

段的代码和测试包；测试阶段的测试用例文档、功能测试报告、自动化测试报告、性能测试报告和 UAT 包；UAT 阶段的业务验收报告和上线包。

3. 项目完成阶段产出物

项目完成阶段产出物包括发布文档、结项报告和复盘报告，其中，结项报告很重要，需要附上投入情况以及项目数据，用于审视项目投入产出。

关于各阶段的产出物应当注意的是：①产出物也一定要今日事今日毕，千万不要拖延，拖延到后面会积累很多债务；②产出物一定要责任到人，每个人对自己的产出物负责，产出物一定要代表个人脸面，大部分人是在意脸面的，当然想丢脸的人拦也拦不住。

到此，锦囊一要告一段落了。锦囊一告诉你推行数字化技术管理时一定要采取徐徐图之的思路，先从技术项目管理这个点切入，做出成绩再全面铺开。谨记一点，数字化技术管理千万不要强推，强推容易弄巧成拙，到时纵使你有万般武艺，也会无处施展了。

读完本节，你就可以有理有据地告诉老板：如何把数据思维用到项目管理中了，如何把技术项目管理做得更好、更数字化，最终拿到更好的结果。

不知道你有没有发现，项目过程中有一个环节叫做项目复盘，项目复盘能够助你发现这个项目的整体情况，了解每个环节的优缺点，助你查缺补漏、扬长避短、稳步提升。

其实复盘是从对弈思维来的，主要是为了在已完成的棋局中吸取经验教训，以期下次做得更好，这是一种非常好的思维，我决定把它拓展到技术管理中，这样会有奇效哦。关于技术复盘，我再专门写一个锦囊给你，原因有三：一是，技术复盘是一个复杂的系统工程，一句两句话说不清楚，我想给技术复盘多点篇幅；二是，本锦囊的内容已经足够多了，需要你好好消化，我想给你多点时间；三是，写锦囊尤其需要一些情感的积累和才思的酝酿，我也想给自己多点时间。就在下一个锦囊，我们再聊。

6.2 向下管理——复盘思维匹配技术管理

数字化技术管理的核心是数据，只有通过全面的数据指标衡量技术工作，才能把技术管理做好。复盘思维来源于对弈，是指棋手对局完毕之后，通过重演该盘棋，发现其中每一步棋的优劣，积累经验并吸取教训，以便提升棋艺。后复盘思维应用在了管理中。复盘是发现技术管理优劣的有效手段，把复盘思维用于技术管理，可以帮助技术管理者分析技术优劣、挖掘技术原因、总结技术规律，它可以持续丰富技术的知识库和武器库，从而帮技术管理者玩转技术管理。

半分钟小故事——把技术管理中的数据利用复盘校准

?

将来，你的老板会问你："你推行的数字化技术管理的确是很有价值，数据指标所表达的意思也很清晰，但是我还是有一个疑问，我怎么能够知道这些数值指标到底是什么水准呢？例如研发容量70%是中还是差，研发人效80%是优还是良，而好的表现又怎么去继承发扬，差的表现又怎么去优化提升？"

不得不说，挑战真的是一个接一个，而且还越来越大，但是你作为一个勇士还是要敢于直面挑战，并不遗余力地去解决问题，毕竟迎难而上才是我辈应有的品质。

来解读下老板的这个问题:①老板需要合理地评估技术人员的优、良、中、差;②老板需要技术人员总结经验教训以备后续使用。而这两个问题正好就是传说中技术复盘一直在干的事儿。

技术复盘真的很重要。

想象一个场景:技术团队做了一个平台,其中遇到了很多困难,如Nginx短连接问题、Jvm(计算机编程语言虚拟机)内存问题、Redis模糊查询问题、Mysql连接问题等,技术团队费了九牛二虎之力将这些问题一一解决了,最终得以顺利完成拿到结果,然后就把它抛诸脑后了。那下次团队再做同样类型的事情,还会重新遇到这些问题,再重新费九牛二虎之力解决一遍,是不是很不值?如果在事情完成时,进行一个完整的复盘,把经验教训总结下来,纳入技术的知识库,并转化为技术的武器库,上述问题就可以迎刃而解。

毫不夸张地讲,技术学会复盘,可以持续产出、持续创新、持续升值;技术人员学会复盘,可以加快个人成长;团队学会复盘,可以提升团队能力。

到底该怎么把技术复盘和技术管理结合起来呢?依然是分三步:第一,完全掌握本书前五章的内容,把管理团队、技术和技术支持业务的全部环节了如指掌。第二,把技术复盘的方方面面梳理清楚。第三,上述两步完成了之后,就是把技术复盘与数字化技术管理的各个环节匹配起来,分析技术管理各个环节的优劣,并利用管理和技术手段扬长避短。

6.2.1 了如指掌数字化技术管理的各个环节

想要做好数字化技术管理,必须仔细阅读前五章才能做到。

6.2.2 梳理技术复盘的方方面面

技术复盘这一步,包括四个方面内容,即技术复盘的定义、技术复盘的意义、技术复盘的目的、技术复盘的方法。

1. 技术复盘的定义

所谓技术复盘就是在技术管理中，每当完成一个技术项目或一些重要里程碑时，进行回顾目标、梳理成绩、分析优劣势、总结经验教训、验证方法等操作，而把在技术复盘中积累的优势继续保持发扬，发现的劣势尽力优化提升，促进技术达到一个螺旋式上升的态势。可以说技术复盘是向过去学习的一种方法，而且是性价比最高的一种方法。对待技术复盘绝不能心血来潮，一定要持之以恒。

2. 技术复盘的意义

通过对已经发生的技术事宜进行复盘，总结经验教训并将其纳入技术知识库，沉淀方法和规律到技术的武器库。之后团队再遇到同类的问题，就可以在知识库中搜索，分分钟拿出最合适的武器解决问题，甚至有时可以提前感觉技术所处的状态，提前预知技术将面临的问题，作出最合适的应变。技术复盘能够帮助技术人员轻松愉快地越过之前所踩过的坑，也可以帮助技术人员轻松愉快地避免很多坑。理论上，当技术踩过的坑无穷多、积累的武器足够多的时候，真的可以万丈深渊如履平地了。

3. 技术复盘的目的

其目的是持续提升个人和团队的价值，持续提升技术能力，从而找到更高效高质达成目标的办法，为公司创造更多的价值。技术复盘绝不是为了找碴儿，也不是为某个人服务，而是为整个技术服务；团队中每个人都应该是技术复盘的主角。只有如此才能够全面深入地挖掘问题的本质，流于形式的技术复盘，或浅尝辄止的技术复盘，除了浪费时间之外别无他用，不做也罢。

4. 技术复盘的方法

简单的东西才是最可执行的东西。本着这个大逻辑，开宗明义地说，最简单明了的技术复盘方法就是 GRAIC 环，如图 6-6 所示，它分为五个阶段，即目标回顾（goal）、结果描述（result）、过程分析（analysis）、归类总结(insight)、方法验证(check),这五个阶段组成一个循环。其实,GRAIC 环的前三个阶段绝大多数的公司都在做,只不过其考核周期是以时间段在做,其中目标回顾就是考核目标制定,结果描述就是考核结果核定,过程分析就是平日的工作日报、工作周报。可见,技术复盘并不是需要从零开始学习实施的东西,而是一个管理者一直在做但做得不够常规化的事情的升华而已。

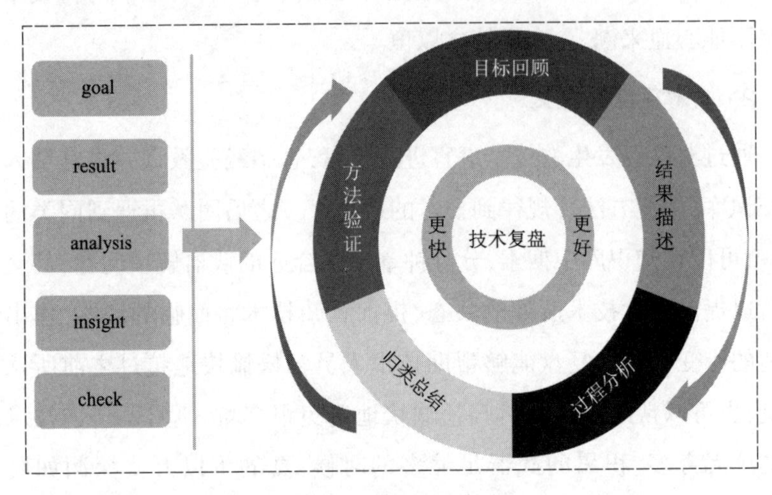

图 6-6　技术复盘的方法

从专业的角度看,技术复盘本身就是周而复始的,用循环表示是最为贴切的,以为一次复盘能够解决所有问题是天真的想法,技术复盘必须是一个持之以恒的操作。

接下来就分别讲述下 GRAIC 环的五个阶段。

(1)目标回顾(G)。

目标回顾是客观陈述当初的技术目标是什么(包括定量和定性的目标),以及技术目标的合理性和全面性的阶段。目标可以在途中进行更改,但一定要把原因记录清楚。目标可以稍微制定得高一点,但要掌握好分寸,因为目标是整个复盘的源头,目标定得太离谱,后面的事儿就会跑偏。

(2)结果描述(R)。

结果描述是客观陈述现在的技术结果,并一一与"目标回顾"这一阶段的目标进行对比的阶段,根据评定标准,从而得到结果评级。所以在执行的过程中,技术结果一定不要夸大也不要缩小,真实的结果才是有价值的。此处的评定标准就显得尤为重要。评定标准示例见表 6-1,它分为绝对值评定标准和相对值评定标准,其中,绝对值达到目标值的90%或相对值达到全部值的前 10%即为优;绝对值达到目标值的 80%或相对值达到全部值的前 20%即为良;绝对值达到目标值的 60%或相对值达到全部值的前 90%即为中;绝对值低于目标值的 50%或相对值在后10%即为差。结果描述的目的之一是将结果评级作为考核的依据,目的之二也是更为重要的目的,是分析结果评级背后的原因。

表 6-1　评定标准示例

结果评级	评定标准一	评级标准二
优	高于目标值的 90%	全部值的前 10%
良	高于目标值的 80%	全部值的前 20%~10%
中	高于目标值的 60%	全部值的前 90%~20%
差	低于目标值的 50%	全部值的后 10%

(3)过程分析(A)。

过程分析是深入分析“结果描述”这一阶段优、良、中、差的每一项,找出好的结果和差的结果的原因分别是什么(包括主观原因和客观原因)。过程分析一定要把特别好和特别差的结果都掰开了揉碎了分析清楚,并详细记录其原因,这两者往往能够分析出更多价值。

(4)归类总结(I)。

归类总结是深入挖掘“过程分析”这一阶段的每一项原因,对于好的结果和坏的结果,首先要找到其中的共性,以便合并同类项;然后好的结果,一定要分析规律,并达到可复制,沉淀下来作为武器库中的一员,以便以后做得更好;差的结果,一定要分析原因,并找到对应的解决方案,原因沉淀下来作为知识库中的一员,解决方案沉淀下来作为武器库中的一员,以便以后不要再犯错。足够多的知识库和武器库会让之后的路一马平川。

(5)方法验证(C)。

方法验证是把“归类总结”这一阶段的规律和解决方案,代入技术事宜中验证,实打实地衡量新的规律和解决方案的效果如何,让管理者做到心中有数。实践是检验真理的唯一标准,技术管理者一定要经过验证才能说它的效用,否则都只是空话。

经过上述五个阶段,技术管理者会得到技术复盘的定义,如图6-7所示。目标回顾阶段包括定量和定性;结果描述阶段包括客观结果和结果评级;过程分析阶段包括主观原因和客观原因;归类总结阶段包括差的结果的解决方案和好的结果的规律;方法验证阶段包括效果。之后的每次技术复盘都要在这个表格的基础上积累更多的内容,一次解决不了的问题就放到第二次,循环往复,解决的问题越来越多,积累的规律也越来越多。

目标回顾		结果描述		过程分析		归类总结		方法验证
定量	定性	客观结果	结果评级	主观原因	客观原因	解决方案	规律	效果

图6-7 技术复盘定义

6.2.3 复盘思维匹配到技术管理中

不难发现,上述所讲的技术复盘是一个非连续的操作,即在发生了一些技术事宜之后,在特定的一些里程碑才会进行复盘操作。而对数字化技术管理而言,无论是团队数据指标、技术数据指标还是业务数据指标都是连续的。那这两者之间就会存在天然的差异。很显然,要想把数字化技术管理发挥到极致,一定需要周期性地分析技术管理数据指标背后的意义,并根据数据背后的意义进行查缺补漏。有鉴于此,把技术复盘思维应用到技术管理中,最终的目标就是要做连续的技术复盘,即把技术复盘融入技术管理的每个环节中,固化成技术人员每周甚至每天的常规操作。

技术复盘是一件费时的事情,开始阶段,技术人员只需要在重要的里程碑进行技术复盘,但是随着技术复盘的熟练,可以归纳一些标准化的技术复盘逻辑,用于串联技术复盘的 GRAIC 环,将其固化成常规操作也只不过是水到渠成的事儿,不会占用多余的时间。

接下来,将讲解标准化技术复盘的逻辑。简单讲,标准化技术复盘就是把技术复盘的 GRAIC 环统一到团队、技术、技术支持业务这三个维度,持续分析团队、技术和技术支持业务的数据指标所代表的含义(优劣),并利用技术管理的手段使之持续提升。

千万不要小看闭环逻辑,它"爆炸"起来威力无穷,其实本节都在诠释闭环逻辑。

接下来详细讲解团队、技术和业务这三个方面的复盘。团队的复盘包括个人和团队两部分,聚焦个人胜任力和团队胜任力,通常采取绝对值评定标准,绝对值评定不出结果时再采取相对值评定标准。技术复盘聚焦稳定性、性能和技术资产个数,采取绝对值评定标准。技术支持业务的复盘包括日常业务需求和技术项目两部分,聚焦质量和效率,采取绝对值评定标准。复盘的整体逻辑都是相同的,都是按照 GRAIC 环的五个阶段逻辑进行复盘,其中,最重要的就是个人和团队复盘,技术的复盘和技术支持业务的复盘是在个人和团队的复盘基础上延伸出来的,因此,以下以个人和团队的复盘为例进行详细讲解,其他复盘代入此逻辑即可。

1. 个人复盘

个人复盘是指技术人员针对自己的复盘,聚焦个人胜任力模型的维度,目的是发现自己的优势和不足,并采取相应的措施扬长避短,使自己持续升值。个人复盘是所有复盘的基础。还是那句话,没有人啥也干不了,可以说技术管理者搞定了技术人员复盘就搞定了一切。

在这里用小明同学的复盘来讲解个人复盘,见表 6-2,其中,列是个人复盘的维度,分为个人产出、个人能力、个人效率、个人成本和个人成长五方面,这五个方面与第 5 章第 1 节的个人胜任力模型的维度完全一致。

表 6-2　个人复盘表格示例

目标回顾			结果描述		过程分析		归类总结		方法验证
一级目标	二级指标	目标值	结果	评级	主观原因	客观原因	解决方案	规律	效果
个人产出	质量	30	16.54	中	单元测试未写	单元测试框架无	引入单元测试框架		
	效率	15	14.4	优		P1 级需求较多;使用现有的组件和平台		积累组件和平台	
	完成率	2	1.68	良					
	参与率	3	2.25	中					
个人能力	研发容量	5	3.75	中					
	研发能力	5	3	中					
个人效率	研发投入率	6	3.6	中	有些疲累		劳逸结合		
	研发人效	9	5.4	中		修复故障和 bug 时间长	加强单元测试和自动化测试		
个人成本	费用	5	2.67	中					
	级别	5	3.5	中					
个人成长	团队成长贡献	6	7.2	优	有兴趣	讲课较多		投入多	
	技术成长贡献	4.5	2.84	中					
	自我升值	4.5	2.7	中					

表中的行是复盘 GRAIC 环五阶段。

(1)目标回顾。

目标回顾是每个季度开始技术人员制定的目标,目标值就是个人胜任力模型中的权重,本示例分解到二级指标,如果喜欢,甚至可以将其细化到四级指标。

(2)结果描述。

结果描述是上一个复盘结束到这一个复盘开始这个时间段的客观

结果描述,结果值同样取自小明的个人胜任力分数。用结果值除以目标值就能够得到结果评级,通常采取绝对值评定标准,绝对值评定不出结果时再采取相对值评定标准。

(3)过程分析。

过程分析是技术人员根据日常的工作日报和周报,把好、差的结果原因分析清楚,例如,如果单元测试框架没有,现有的技术组件和平台大量复用等。

(4)归类总结。

归类总结是把解决方案和规律归纳出来,记录在案,以备不时之需,如引入单元测试框架、加强自动化测试、加强技术组件和技术平台的积累等。

(5)方法验证。

方法验证是把规律用在后续同类的技术事情上,以期做得更好,这是性价比较高的方式;当然如果时间允许,可以直接代入已经发生的技术事情上,纯粹为了验证一下,这是效果较好的方式。具体选择哪种方式视具体情况决定。

试想一下,如果把上述个人复盘固化到日常工作中,持续积累好的解决方案和规律,那么你在进步的道路上一定会一日千里。

2. 团队复盘

团队复盘是指针对技术团队的复盘,聚焦团队胜任力模型的维度,目的是发现团队的优势和不足。团队复盘是所有复盘中最关键的操作,只有对团队优劣了如指掌,管理者才有可能制定提升团队水平的措施,才有可能打造高质高效的团队,才有可能把业务支持好,才有可能创造技术价值,最终才有可能实现公司目标。

以下用小明团队的复盘,来讲解团队复盘,见表6-3,其中,列是团队复盘的维度,分为团队产出、团队能力、团队效率、团队成本和团队成长五方面,这五个方面与团队胜任力模型的维度完全一致。

表 6-3　团队复盘表格示例

目标回顾			结果描述		过程分析		归类总结		方法验证
一级目标	二级指标	目标值	结果	评级	主观原因	客观原因	解决方案	规律	效果
团队产出	质量	24.0	14.549	中					
	效率	12.0	10.440	良	高级别同学的赋能做得很好	P1 级需求较多；使用现有的组件和平台		积累组件和平台，继续发扬传帮带的精神	
	完成率	1.6	1.200	中					
	参与率	2.4	1.710	中					
团队能力	研发容量	5.0	3.225	中					
	研发能力	5.0	3.000	中					
团队效率	研发投入率	4.0	2.220	中	管理松散	3 年以上老人多			
	研发人效	6.0	3.488	中					
团队成本	费用	10.0	5.750	中					
	级别	10.0	6.250	中					
团队成长	团队提升	4.0	5.400	优	重视程度高	培养人数多；讲课较多		投入多	
	技术资产	4.0	2.166	中	创新意识不足	技术平台积累不足；技术专利申请不够	增强创新意识，增多培训，开拓视野		
	技术能力	12.0	6.372	中					

行是复盘 GRAIC 环五阶段。

(1)目标回顾。

目标回顾是每个季度开始，技术团队制定的目标，目标值就是团队胜任力模型中的各个指标的权重，本示例到二级指标。如果愿意，一样可以细化到四级指标。

(2)结果描述。

结果描述是上一个复盘结束到这一个复盘开始这个时间段的客观

结果描述,结果值同样取自小明团队的胜任力分数,用结果值除以目标值就能够得到结果评级,通常采取绝对值评定标准,绝对值评定不出结果时再采取相对值评定标准。

(3)过程分析。

过程分析是技术团队根据技术人员日常的工作日报和技术团队日常的工作周报,把好的、差的结果原因分析清楚,如高级别的同学赋能做的好、大量使用现有组件或平台、管理松散等。

(4)归类总结。

归类总结是指把解决方案和规律归纳出来,记录在案,以备不时之需,如积累组件或平台、发扬传帮带的精神、增强服务意识、增加创新意识等。

(5)方法验证。

方法验证是把规律用在后续同类的技术上,以期做得更好,这是性价比较高的操作;当然如果时间允许可以直接代入已经发生的技术上,这是效果较好的操作。

试想一下,如果把上述团队复盘固化到工作中,持续发扬团队的优势,弥补团队的劣势,那么,假以时日,你的团队在公司甚至是在行业内都将是"思想好能力强"的代言人。

到此,锦囊二要告一段落了。锦囊二帮你打开技术复盘思维的大门,并将其应用到技术管理的团队、技术和业务三个层面,以持续提升个人、团队和技术价值为目的,发掘技术各个方面的优劣势,并扬长避短,以期达到游刃有余的境界。谨记一点,技术复盘一定要持之以恒,否则纵使你有万丈豪情,也将无处安放。

读完本节,你就可以有理有据地告诉老板:如何通过技术复盘把数据指标校准,使得技术团队的管理更加科学了。

不知道你有没有发现一个非常爆炸的现象,技术复盘的维度、目标的维度、考核的维度、日报周报的维度、胜任力模型的维度都是一致的,更为爆炸的是职级能力标准、人才的选用育留标准也与此维度保持一致。那你说说,如此闭环的技术管理逻辑,是不是会让技术管理变得有点举重若轻,你有没有对我的敬仰如滔滔江水一样连绵不绝?当然,这么爆炸的逻辑不是一朝一夕练成的,正所谓你要想看来毫不费力,背后必然是需要拼尽全力的,共勉吧。

诚然,逻辑是个好东西,会让很多事情变得简单,但是也会让很多事情显得无趣甚至无聊,技术团队管理毕竟还是和人打交道的一种操作,有一点点文化的点缀会显得分外耀眼。下一个锦囊我就告诉你把《孙子兵法》这个文化瑰宝用在技术团队管理中的事儿,到时我们再聊。

6.3 人性管理——兵法思维补充到技术团队管理中

技术团队管理的核心是人,要与人打好交道,一方面要强调理性,通过数据做到公平公正;另一方面又要强调感性,通过情感连接做到互惠互助。兵法思维一方面是一门计算的学问,通过对五事"道、天、地、将、法"的计算,而看清胜败之势;另一方面又是一门心理的学问,通过虚实、攻守、进退的掌控,而立于不败之地。把兵法思维和技术团队管理匹配起来,需要上升到情感层面的技术团队管理就有据可依了,当然也会帮你成为一个有人情味儿的技术团队管理大师。

半分钟小故事——把兵法思维用在技术管理中

?

将来,你的老板会问你:"你推行的数字化技术管理在打造公平公正团队这一点上的确是做到了极致,但是我还是有一个疑问——有好些从公司成立就和我一起打拼的技术人员,他们可能在研发能力上确实不太给力,所以在你的评价体系中拿不到高分,但是他们足够忠诚、足够上心,为了公司愿意奉献一切,这些人该怎么去公平公正对待呢?"

挑战又来了,不过你应该已经可以坦然面对挑战了吧?毕竟人生就是一个不断接受挑战、战胜挑战的过程。切记一点,作为一个有团队的人,你一个人取胜是远远不够的,你要带领团队一起取胜才可拜上将军。

接下来解读下老板的问题:①早期的员工很忠诚上心,需要强化这个评价;②早期的员工能力有所欠缺,该怎么因人而异地弱化这个评价。如果仔细阅读了第2章,你会发现第2章第5节的研发投入率和第2章第6节的研发人效可以表达足够忠诚、足够上心这两个维度,但是研发能力不给力确实也会在评价个人产出时无所遁形。那么,完全依赖数据指标去评价早期的员工似乎不够公平,不依赖数据指标去评价技术员工又对大部分同学不公平,这可如何是好?

或许有人会说:"对于早期员工,把个人产出这个数据指标的权重调低不就行了吗?"

说得非常对,而且这样做也的确能够解决老板的问题,但是解决方法却不够好。老板问题的根源,其实是说数据评价体系太过冰冷,需要加入一些有温度的评价,如果还是通过数据指标去解决就会差点意思。从老板的视角去看这件事情也是人之常情,人毕竟不是机器,不能只讲数据、只讲逻辑,需要更多情感连接。

那解决之道是什么呢?其实我一直认为用《孙子兵法》可以补充数据评价体系。原因有二:其一,《孙子兵法》是享誉世界的战略奇书,不仅在军事、商业等领域发挥着重要的作用,在管理领域也极具指导意义,它能被众多巨匠顶礼膜拜,当然也能够得到普通大众的认可。而技术团队管理是管理的一个分支,作为一枚技术管理的老兵,我对《孙子兵法》是奉若神明,熟读许多遍,实践了20年,可以说是学习很多、收获很多、体会很多。其二,《孙子兵法》一方面是一门计算的学问,它通过对五事"道、天、地、将、法"的计算,而看清胜败之势;另一方面又是一门心理的学问,通过虚实、攻守、进退的掌控,而立于不败之地。可见,《孙子兵法》与技术管理是同宗的,都来源于数学;而从逻辑角度上讲,《孙子兵法》又与技术团队管理理性与感性并存的大逻辑别无二致。

那到底该怎么把《孙子兵法》补充到技术团队管理中呢?总共分两步:第一,完全掌握本书前五章的内容,把技术团队管理做到融会贯通。第二,从团队管理的角度深入研读《孙子兵法》,做到举一反三,把孙子兵法的理念补充到技术团队管理中，打造一个公平公正又有人情味儿的技术团队。

6.3.1 融会贯通技术团队管理的内容

以下是从技术团队管理的角度总结出来的一张团队管理架构图，如图 6-8 所示。不得不说，架构图的确是特别适合程序员的一种存在。

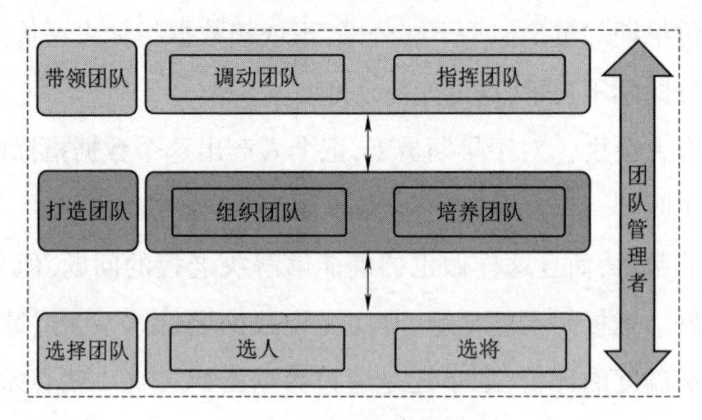

图 6-8 团队管理架构图

技术团队管理分为三层：选择团队层、打造团队层、带领团队层。

1. 选择团队层

选择团队层是指技术管理者选用技术人员、选用技术组长、选用技术部门长的策略，说得直白点就是，作为管理者选用什么样的人才能够打造一个“文可提笔安天下，武能上马定乾坤”的技术团队，这一层决定了一个技术团队的基因。技术团队的能力上下限，用研发容量和研发能力这两个数据指标来衡量。需要注意的是，人是技术团队管理最基础的要素，如果没有人，你的技术团队管理永远都只能停留在理论阶段。

2. 打造团队层

打造团队层是指技术管理者组织团队、培养团队的策略，说得直白点就是，管理者要通过什么样的组织架构把技术人员整合在一起，又通过什么样的方法培养技术人员持续进步，从而打造一个“进可攻、退可守”的技术团队，这一层决定了一个技术团队的效能，用研发投入率和研发人效这两个数据指标来衡量。从技术团队管理角度讲，打造一个高质量、高效率的技术团队永远都是最核心的价值所在。

3. 带领团队层

带领团队层是指技术管理者调动团队、指挥团队做事的策略，说得直白点就是，安排什么样的人员做什么样的事情，用什么方法调动团队一起一心一意地做事，用什么方法指挥团队一起井然有序地做事，从而打造出一个心往一处想、劲往一处使的技术团队，这一层决定了技术团队的实战能力，以个人胜任力模型和团队胜任力模型为基础，用技术支持业务的质量和效率这两个数据指标来衡量。技术人员选择好了，技术团队组织、培养好了，最终还是要进行实战的，以战代练并持续强化技术团队的能力才是最好的技术团队管理理念。

6.3.2 从团队管理的角度研读《孙子兵法》

坦白讲，这一步的难度系数很高，《孙子兵法》虽然只有 6 075 个字，内容却博大精深，每一字都蕴藏着丰富的智慧，如果要一一解读，就绝不是在一个锦囊中的寥寥数语能够做到的，需要再写一本书才行。有鉴于此，我独辟一条蹊径，把团队管理的事情代入《孙子兵法》中寻找答案，希望为日理万机的你节省非常多的时间。

把团队管理的事儿代入《孙子兵法》中分为三层：选择团队层、打造团队层和带领团队层。

1. 选择团队层

选择团队是指《孙子兵法》中在选择合适的团队成员方面的智慧，分为选人和选将两个方面，如图 6-9 所示，我们来详细讲解如何选人和选将。

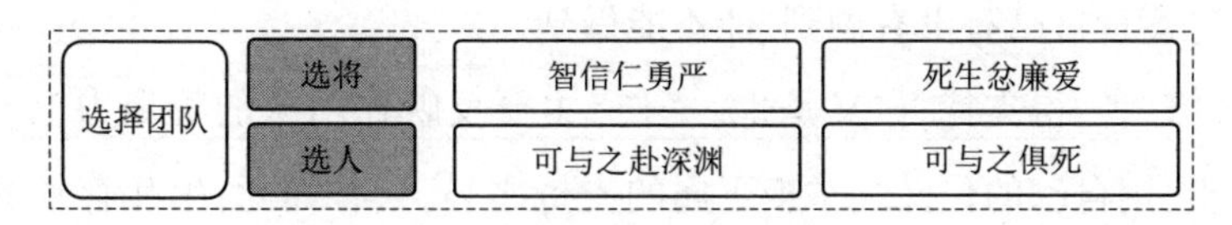

图 6-9　选择团队

(1) 选人。

选人是非常关键的，是整个团队的基础。《孙子兵法 · 地形篇》中已经讲得很清楚了，要选就选“可与之赴深溪”“可与之俱死”的人，就是说要选择一些能够与你赴汤蹈火、同生共死的选手，只有这些选手在关键时刻才能够顶得上，也只有这些选手才能够“挽狂澜于既倒、扶大厦之将倾”，作为管理者，请你务必招揽到位。

(2)选将。

选将是极为重要的，如果说选人决定一个团队的下限，选将就决定一个团队的上限，甚至决定一个团队的生死存亡。为将者身上扛的不只有自己，还有整个团队，他的每一个操作都会影响整个团队，需要慎之再慎。《孙子兵法·始计篇》和《孙子兵法·九变篇》分别详细讲解了在将领层面应该选择“五德”者，应该弃用“五危”者。

所谓五德，即“智、信、仁、勇、严也”，具备这五种素质的人就能够带领团队走向胜利。

①智者，知进退，智慧、认知、才能之意。为五德之首，“智”是贯穿团队管理所有操作的一个存在。为将者必须具备引领团队的才能、培养团队的智慧，以及赋能团队的认知。只有如此，这个团队才能够走正道、打胜仗、扬团威。例如，在录用和考察一个领导时通常都是考察他的专业技能强不强，他的团队出活好不好、快不快，他的团队影响力如何等这些方面，与“智者”之意有异曲同工之妙。

②信者，明赏罚，赏罚有信是也。“明”主要反映在团队的凝聚力上。即信义为先，建立公平公正的标准去评判和赏罚团队，不要因为这个人骨骼惊奇就网开一面，更不要因为这个人帅气就鸡蛋里挑骨头，总之无论这个人是谁，都要一视同仁。还有作为管理者要以身作则，要求别人之前先衡量自己有没有做到、能不能做到。

③仁者，得支持，仁义是也。“仁”主要反映在团队的凝聚力上。礼贤下士，用自己的仁义之举换下属的支持之心，只有如此，生死存亡的关头一个团队才能化险为夷。人无千日好，花无百日红，在这个平台上你是将，离开这个平台你可能什么都不是，但是你的仁义之举会一直伴随你、帮助你。

④勇者,生果决,勇气、坚定是也。“勇”主要反映在团队的执行力上。此处有两层含义:一是为将者必须有足够的勇气去面对一切困难,因为团队中所有的眼睛都在看着你,如果你退缩了,你难道指望梁静茹给他们勇气吗?二是既然作出了决策,那么就要坚持下去,要坚持你相信的事情。

⑤严者,立威信,严明是也。“严”主要反映在团队的执行力上。纪律严明,既然定了规矩,就一定要严格执行。细心的同学可能会问:“严与仁会不会矛盾?”恰恰相反,两者是相辅相成的,正所谓“怀菩萨心肠,行霹雳手段”。

所谓五危,即“必死、必生、忿速、廉洁、爱民”。初看五危,有可能会觉得“死、生、忿、廉、爱”这五个词是贬义词,但是在反复研读之后,我发现,实际上《孙子兵法》描述的五危是指超过一个度,超过了这个度才会是“用兵之灾”。

①死者,有勇无谋,只知道死拼。这类人动不动就要和人单挑,帅倒是很帅,但就是有点傻。现在讲究的是分工和协作,即使你能力再强也不可能一人顶一个团队。时刻谨记,管理者一定不能凡事都亲力亲为,要给团队机会,让团队变得更好,大家好才是真的好。

②生者,贪生怕死,只知道保命。这类人干起活来拈轻怕重,即使需要全公司出动,他也会找各种理由临阵脱逃:今天感冒了,明天咳嗽了之类的。时刻谨记,管理者要做好与团队共存亡的准备,要能够面对困难、无所畏惧。

③忿者,急躁易怒,只知道暴怒。这类人一点火就着,经常怒发冲冠,为了鸡毛蒜皮的小事,斤斤计较。作为管理者要时刻谨记,控制自己的情绪,通过沟通去解决工作中99%的问题,另外1%通过更多的沟通去解决。

④廉者,矜于明节,只知道尊严。这类人自尊心很强,遇事不能客观分析原因,这样肯定是不行的,容易让团队的利益受损。时刻谨记,作为管理者你能禁得住多大诋毁,就能受得住多大赞美,面对委屈无所谓。

⑤爱者,娇生惯养,只知道溺爱。这类人面对团队人员的“一哭二闹

三上吊”是毫无抵抗力的，即使其犯了再大的错误也会“一笑而过”，所以这种团队必然会恃宠而骄，与执行力等优点渐行渐远。作为管理者必须有原则有底线，有所为有所不为。

2. 打造团队层

打造团队是指《孙子兵法》中在打造高质量、高效率团队方面的智慧，这一部分在第 2 章第 5 节中已经有过些许讲解，主要分为组织团队和培养团队两个方面，如图 6-10 所示。

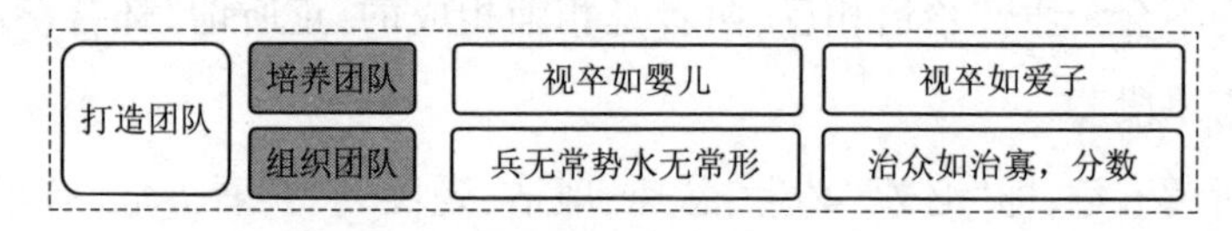

图 6-10　打造团队

扁平化的团队指令就会很高效地传达和落地。

(1)组织团队。

组织团队是指技术管理者采取什么样的形式来组织人，使其灵活高效地完成工作任务。

《孙子兵法·虚实篇》的“兵无常势，水无常形”是组织形式之一，意思是作战无固定的形式，像水流无固定的形态一样，延伸一下就是说管理者在组织、调动上都要灵活，不要禁锢在物理的架构里，小组之间要为了共同的目标通力合作。

《孙子兵法·兵势篇》的“治众如治寡”是组织形式之二，意思是治理大军队就像治理小军队一样有效，延伸一下就是说，要通过合理的组织架构和组织纪律把大团队像小团队一样分而治之去管理，“分数”的思想与敏捷管理、扁平化的思想也是异曲同工。

(2)培养团队。

培养团队是指技术管理者能够在完成工作任务的同时持续培养团队进步，达到公司和团队双赢的状态。

《孙子兵法·地形篇》的“视卒如婴儿”“视卒如爱子”是团队培养的一种思路，意思是对待士兵像对待婴儿一样体贴，士兵就能够跟将领赴汤蹈火;对待士兵像对待爱子一样包容,士兵就能够与将领同生共死。延伸一下就是说,尊重团队、保护团队、包容团队,做到以真心换真心,但切忌溺爱和娇纵,不然后果非常严重。

3. 带领团队层

带领团队是指《孙子兵法》中在带领团队获得一个又一个胜利方面的智慧,分为调动团队和指挥团队两个方面。

(1)调动团队。

调动团队是指工作任务来了,作为技术管理者,你要能够找到最合适的人员,并能够让这些人跟着你不遗余力地把任务完成。调动团队分为价值观、愿景使命和大原则三个部分,如图 6-11 所示。

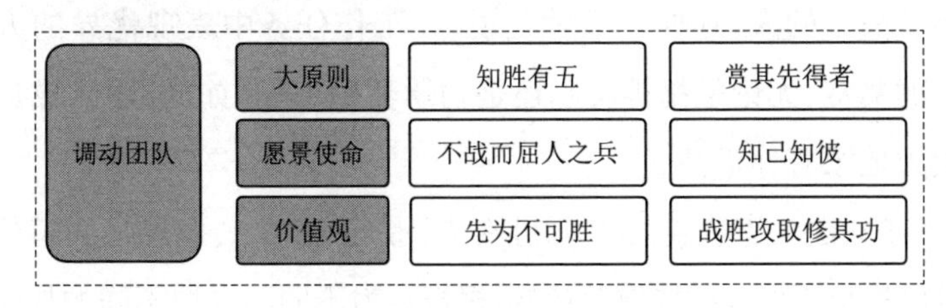

图 6-11　调动团队

①价值观:是指一个团队认知问题、判断问题、解决问题的指导方针。

《孙子兵法·军形篇》的"先为不可胜"是价值观之一,意思是先保证自己是不可以被战胜的,延伸一下就是说,做事情一定要把基本面抓牢,在资源有限的情况下先完成基本面,这就可以保证做到 60 分,基本面保证了再图其他。

《孙子兵法·火攻篇》的"夫战胜攻取,而不修其功者,凶"是价值观之二,意思是打了胜仗之后,不及时巩固胜利成果是很危险的,延伸一下就是说,保质保量地完成一个又一个工作任务是必须的,同时任务中的持续积累、持续学习、持续进步也是非常重要的,逆水行舟不进则退,如果躺在功劳簿上吃老本,那是非常危险的一件事情。

②愿景使命:愿景是指管理者希望自己的团队变成什么样子,使命是指团队怎么做才能实现团队的愿景。

《孙子兵法·谋攻篇》的"不战而屈人之兵"是最大的愿景,意思是不用武力就能使敌人降服才是最高明的,延伸一下就是说,用最合理的技术资源完成公司的目标,使技术的投入产出比最大化,这才是最高明的做法。

《孙子兵法·谋攻篇》的"知己知彼者,百战不殆"是团队使命,意思是对敌我双方的情况都了如指掌才能够常胜,延伸一下就是说,要想做到工作任务百分之百交付,做到技术投入产出最大化,了解团队的情况,了解技术情况,了解任务的情况,了解市场的情况,这些都是必须的,少一样也不行。

③大原则:是指管理者调动团队做事时必须要遵循的东西。

《孙子兵法·作战篇》中的"赏其先得者"是原则之一,意思是奖赏最先缴获战车的人,延伸一下就是说,在工作任务中表现优异的人员要给最多的奖赏,无论是精神奖励还是物质奖励,只有如此,团队成员才会更加卖力地跟着你干活。

《孙子兵法·谋攻篇》的"知胜有五"是原则之二,意思是知道什么情况下可以战与不可以战能取胜;知道根据兵力不同而采取不同的战略战术能取胜;全军上下一心能取胜;以有备之师待无备之师能取胜;将领有才能君主又不妄加干预能取胜。延伸一下就是说,要想很好地完成一个又一个任务,管理者必须对团队了如指掌,知道什么任务用什么人,知道什么任务用多少人,并让团队心往一处想、劲往一处使,懂得放权,用人勿疑。

(2)指挥团队。

组织搭建好了,做事思路统一了,调动也到位了,这样就已经具备了强战斗力团队的先决条件,具体实施的时候,管理者还需要有清晰的逻辑、明确的战略战术和高效的指挥,这样才能发挥最大的战斗力。指挥团队分为大原则、战略战术和指挥手段三个部分,如图6-12所示。

①大原则:这里是指技术管理者指挥团队做事时必须要遵循的东西,以下是指挥团队涉及的大原则,内容有点多,请注意查收。

《孙子兵法·行军篇》的"令之以文,齐之以武"是原则之一,意思是通过宽仁的政策来使士兵思想统一,通过严明的军法军纪来使士兵步调

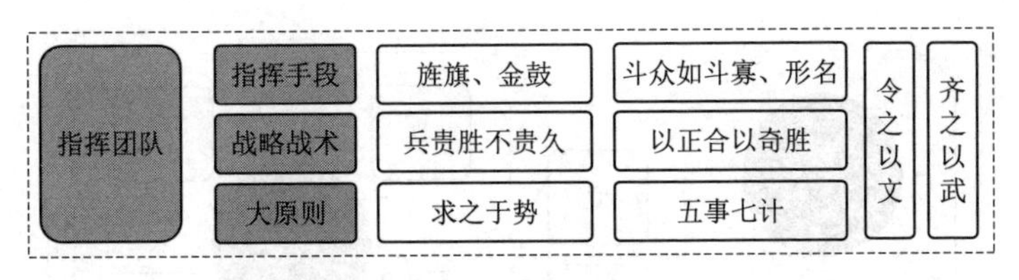

图 6-12　指挥团队

统一，延伸一下就是说通过愿景使命、价值观来让团队心往一处想，通过赏罚分明的组织纪律来让团队劲往一处使。

《孙子兵法·始计篇》的“五事七计”是原则之二，意思是从五个要素七个方面进行分析，得出胜负的结论。五个要素是指政治、天时、地利、将领、纪律；七个方面是指哪方君主有道，哪方将领有才，哪方占据天时地利，哪方军级严明，哪方兵力强大，哪方训练有素，哪方管理有方。延伸一下就是说，在开始工作之前，要充分分析公司、团队、工作任务等多方面情况，只有如此才能保质、保量地完成任务。

《孙子兵法·兵势篇》的“求之于势”是原则之三，意思是善于用兵之人会自己打造势来谋取胜利，延伸一下就是说，技术管理者需要分析势、借助势，并创造利于团队的势，顺势而为，一个团队便会势不可挡。

“势”是《孙子兵法》中出现最多的字之一，《孙子兵法》非常重视势的作用，几乎通篇都在强调势强者胜战，己方势不利则不战，创造利于己方的势再战等，总之一定要借势顺势，切不可逆势而行。

接下来继续详细分解一下“势”，如图 6-13 所示，如果想成为一个“求之于势，不责于人”的优秀团队管理者，那么请瞪大眼睛好好读下去。

《孙子兵法》把势分为外势、内势两个方面，外势与内势共同作用，决定一个团队的走势，二者缺一不可。

第一方面，外势：天、地。主要表示所处行业和所在公司的情况，框定了一个团队的上下限。外势足够犀利，猪都可以飞；反之，纸片儿也休想飞起来。

所谓天，即天时，一个团队所处的行业是什么情况，行业总盘子如何，行业每年的增量如何。

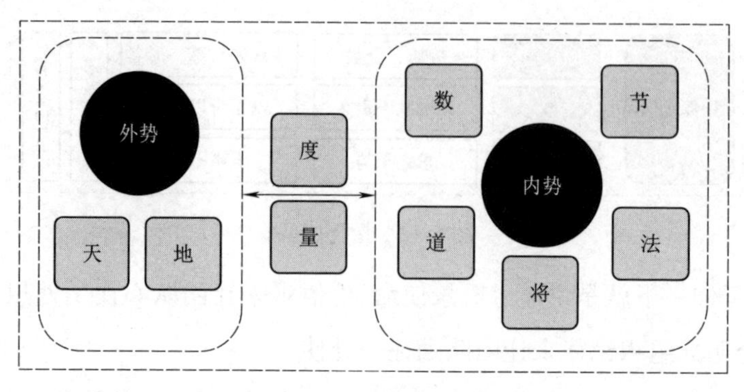

图 6-13　势的拆解

所谓地，即地利。一个团队所在的公司是什么情况，公司在行业中的位置如何，公司发展是向上还是向下。

可见，外势决定了团队能够走多高、走多快，所以技术管理者要尽量选择趋势向上的行业，如人工智能、大数据、物联网、产业互联网等，避免选择趋势向下的行业。

第二方面，内势：道、将、法、度、量、数、节。主要表示团队的内功，强调团队本身的凝聚力、执行力、战斗力等。内势足够犀利，可以让一个团队某种程度上减弱外势的影响，但这也只是某种程度上。

所谓道，即团队凝聚力如何，是否心往一处想，是否彼此相信，是否守望相助。

所谓将，为将五德五危，用之必胜。

所谓法，即团队执行力如何，是否劲往一处使，是否纪律严明，是否赏罚有信。

所谓度、量、数，即公司愿意在团队和项目上投入多少，这决定一个团队有多少资源，有多少战斗力。度、量是外势与内势的桥梁，数是团队的战斗力。

所谓节，即团队的节奏。在做事层面尽量短平快，瞅准机会，快速完成，由一个个小的成绩积累成一个个大的成就。

可见内势决定一个团队能够走多远、走多久，所以技术管理者需要尽量强化内势，以待外势来临时，一举抓住机会，获得胜利，正所谓韬光养晦、厚积薄发。

需要注意的是,外势、内势不可能百分之百向着你,如果一个技术管理者要等到百分之百向着自己时才行动,那么肯定黄花菜都凉了。所以只要势相对向着你时,就可以带领团队一顿操作猛如虎了。

②战略战术:是指技术管理者指挥团队做事时采取的谋略。

《孙子兵法·作战篇》的“兵贵胜不贵久”是战略战术之一,意思是作战最适宜的方式就是速战速决,最不宜的方式就是持久战,延伸一下就是说,要小步快跑,别花几个月“憋一个大招”,这不合理,要把大的项目拆成小的,先把 MVP 上线,后续再不断优化迭代。

《孙子兵法》的“以正和以奇胜”是战略战术之二,意思是作战时要用正兵正面交锋,用奇兵出奇制胜,延伸一下就是说,用大部分资源去保证项目在 60 分的基础上再去拿到 80 分,用小部分资源冲刺 100~120 分,哪怕一点点资源也好,追求卓越应该是我辈的理想,尤其在高优先级项目中,要预留一点点资源以备不时之需。

③指挥手段:是指技术管理者指挥团队做事时采取的工具和方法,做到统一团队视听,高效完成任务。

《孙子兵法·军争篇》的“金鼓旌旗”即手段之一,意思是言语指挥听不清的就用金鼓,手势指挥看不清的就用旌旗,延伸一下就是说,不同的场合指挥工具又略有不同,需要多种工具和方法并用。团队都在一起,那么面对面讲话是最高效的方式了;团队分割为几个地方,那么通过语音或文字部署也不失为一种好方法。

《孙子兵法·兵势篇》的“斗众如斗寡”是手段之二,意思是指挥大军队作战如同指挥小军团一样到位,延伸一下就是说,依靠明确的指令和灵活的组织高效地完成任务。

到此,锦囊三要告一段落了。锦囊三带你领略了《孙子兵法》用在团队管理中的风采,让你在进行团队管理操作时不再只是冰冷的数据思维,还具备有文化、有理想、有感情的兵法思维,分分钟帮你打造一个有人情味的团队。谨记一点,兵法思维一定要灵活运用,否则纵使你有万种想法，也会无地落实。

读完本节，你可以有理有据地告诉老板：如何把兵法思维用在技术团队管理中，让技术团队更有人情味。这一节实际上是对人性的一种把控，只是针对团队内部管理还不够，还需要把向上管理和平级管理做到位。就在锦囊四和锦囊五，到时我们再聊。

6.4 向上管理——逻辑思维应用到技术工作中

技术战略是技术工作中非常重要的部分，而清晰的技术战略更是你与老板、业务方及技术团队达成共识的不二法门，它让老板和业务方知道你的技术工作能够为公司战略提供什么价值；它让你要资源、要支持时能够有理有据；它让你的技术团队能够知道自身的价值和位置，能够锚定一个目标做事，能够获得公平公正的待遇。当然，它也会帮你成为一个逻辑清晰的技术团队管理大师。

半分钟小故事——如何与老板进行更好的沟通与汇报

?

将来，你的老板会问你："我的公司战略很清晰，就是要成为优秀的数字化营销解决方案提供商。一提到技术，你怎么就懵了呢？你整个技术团队就如同工具人一样，整天瞎忙，干起活来还特别累，又对公司战略没什么大的助益，所以，即使你7×24小时都在动之以情、晓之以理，也没有办法把技术团队的积极性、主动性、凝聚力、战斗力给拉起来，你准备咋办呢？"

哎，看来你的老板又提出更高要求了，不过他说得在理，我坦诚相告，你别介意，这个问题的根本原因就是你不作为呀，你在用战术上的勤奋来掩盖战略上的懒惰。你作为管理者并没有认真去思考技术战略，而是沉浸在具体的执行中，这种情况下，你自己没有方向，你的团队更加没有方向。你和你的团队都没有方向，就只能是别人说什么，你的团队干什么，即使团队每天忙得团团转，也不会有什么成就感、满足感和认同感。

你可能会说:“你别总批评我了,我已经一头包了,你到底有没有解决办法,赶紧给!”

行,我先来解读老板的问题:①老板有非常清晰的公司战略;②老板希望你能拿出与公司战略相匹配的技术战略,这样才能把公司战略落实下去,才能把技术团队带起来。

解决方法也很简单,你需要小小转变你的管理意识,说文艺点就是谋定而后动;说通俗点就是不要只是低头拉车,还要抬头看路;说直白点就是制定靠谱的技术战略。

管理=管+理,所以单纯的管是绝对不行的。你这就是犯了只管不理的错误,俗话说得好“只管不理傻把式”,如果你理不清楚,就大概率在错误的道路上狂奔不止,事倍功半。

但是呢,你也不用灰心,这是一个普遍性问题,大部分人在做管理时都专注在管,对于理基本上是置之不理的。那为什么如此?这就是人性,理一来很费神,枯燥乏味;二来理不好得重来,没有及时的正反馈。所以大部分人就为了逃避费神而愿意做任何事情,奋发努力,每天忙得紧,却拿到不尽人意的结果。而且每个季度都乐此不疲,循环往复地诠释着用战术上的勤奋掩盖战略上的懒惰,真是让人痛心疾首啊。不瞒你说,我其实也犯过类似的错误。作为管理者,必须谨记“不谋全局者不足以谋一域,不谋万世者不足以谋一时”,且学着呢,共勉吧。

言归正传,对技术管理者而言,谋全局谋万世,就是制定技术战略。制定靠谱的技术战略,需要具备两个先决条件:第一,明确的技术战略范围;第二,明确的技术战略逻辑。

如图 6-14 所示,其实技术战略的范围和技术管理的范围是差不多的。技术管理分为业务、技术和团队三个方面。而业务和技术可以再统归为事情范畴,因此我们可以把技术战略分为事情和团队两个范畴,事情包括业务和技术,团队包括画像和架构。

那么明确的技术战略逻辑又是什么呢?这里的关键词是以事推人。我们要通过梳理清楚要做的事儿,推导出需要找啥样的人、搭建啥样的

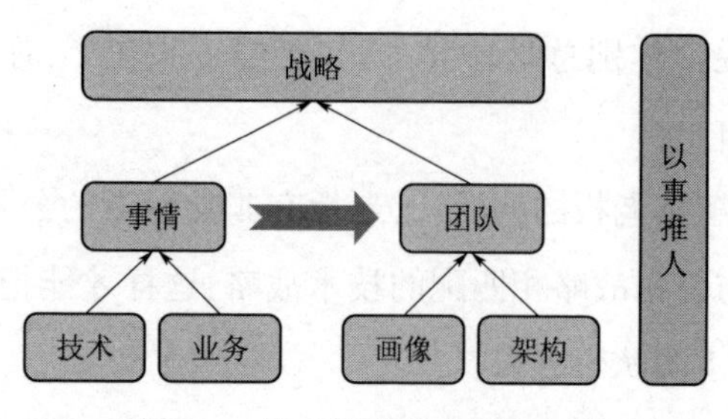

图 6-14　技术战略的范围和逻辑

团队,让每个人都能找到自己存在的价值和意义。为什么从事情出发来制定战略?因为事儿是看得见、摸得着的,相对更加具象点。

这样我们就能制定出一个相对全面且合理的技术战略了。那么制定好的技术战略如何变得可落地呢?这里还需要遵循三个原则。

(1)技术战略必须要有实实在在的资产,也就是要有产品和技术的产出。如果研发团队都没有办法产出落地的产品和技术,那不管怎么说,这个研发团队也是无价值的。

(2)技术战略需要支撑公司业务。如果你的技术战略只有技术部分,没有业务部分,那就没有办法与公司的战略匹配起来,因为老板和业务方通常是不懂技术的,你制定的一大堆技术性的战略对于老板和业务方来说基本上是零。所以你必须有支撑公司业务的部分,老板和业务方才能懂,这样老板和业务方才会理解技术的价值是什么,你的团队才会得到认可,干起活来才会舒适。

(3)技术战略需要有数字目标。也就是说,要把研发团队的目标数字化,数字是最能够对齐认知的语言,无论是与老板与业务方还是与研发团队内部。

好,根据两个先决条件并遵循三个原则,就可以得出制定技术战略的小步骤,如图 6-15 所示。

你可以看到,左侧部分是制定事情部分的技术战略,主要包含资产和目标;右侧部分,就是根据事情制定团队部分的技术战略,主要包含画像和架构。这里我要再强调一遍,无论是事情还是团队,除了描述性的目标之外,都要有数字目标,否则就是无用功。

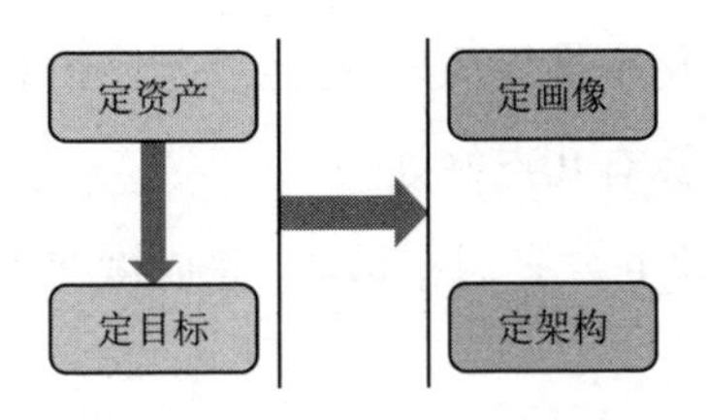

图 6-15　制定技术战略的步骤

完成了图中这四步，你会发现自己带领的团队是一个分工明确、架构清晰、目标数字化、产品落地化的团队，之后接到什么需求，都是在战略指导下进行，再不必内耗，换句话说，这个团队高效运转起来了。

6.4.1　战略拆解实例：事情部分

只说不练假把式，下面直接用案例进行说明。我们先来拆解事情部分的战略，后面才能推到团队部分。

假设现在你的公司战略是成为“优秀的数字化营销解决方案提供商”，针对这个公司级战略，你敲定的技术战略是“建设数字化营销平台”，那非常不好意思，这画画饼管用，实际落地时就会抓瞎了，对于研发团队的小伙伴来说也很虚，不知道该咋落地。

所以，你还需要将之拆解为落地的技术战略，这个拆解的逻辑就是架构师逻辑，你需要用不同的系统或组件或模块来组装。比如“数字化营销平台”就可以拆解为：建设智能推荐平台、建设用户分析系统、建设标签系统、建设数据存储引擎、建设数据计算引擎，这些都是研发团队产出的最核心的资产，也是研发团队必须提供的服务和价值体现。

现在你是不是觉得既有仰望星空的画饼战略，又有脚踏实地的落地战略，这就齐了？实则不然，这些描述性的目标不够一目了然，对于不懂技术的老板和业务方来说，是非常不友好的，这种战略多了，你会逐渐与老板及业务方产生分歧。

所以，你还必须制定让任何人都能够看懂的业务指标、技术指标及相对应的数字目标，如 1 000 万元的季度收入、100 个用户、3 个 9 的稳定性（即 99.9% 的稳定性）等，收入数字由公司收入推导而来，用户数字由用户到付费用户的转化率推导而来，稳定性数字由行业标准推导而来。

制定这些数字指标有几点好处：

（1）对于老板和业务方来说很清晰，完成度怎么样、进展如何、差距几何等都一目了然；

（2）对于研发团队来说也很清晰，做得优良中差都很清晰，到季度、年度考核时也有据可依；

（3）对于你自己来说，向上管理与向下管理都可以依赖数字去进行，不用靠主观臆断，可以避免很多拉扯的事儿。

这样，“建设数字化营销产品”的战略就拆解完了。通过这样的拆解，我们就能得出这张靠谱的事情部分技术战略二维表，见表6-4。

表6-4　技术战略二维表——事情部分

<table>
<tr><th>战略</th><th>战略拆解（资产）</th><th>业务指标</th><th>业务数字目标</th><th>技术指标</th><th>技术数字目标</th></tr>
<tr><td rowspan="6">建设数字化营销产品</td><td rowspan="2">建设智能推荐平台</td><td rowspan="2">收入、用户数、活跃数</td><td rowspan="2">1 000万元、100个、20个</td><td rowspan="2">稳定性
性能</td><td>3个9</td></tr>
<tr><td>实时200毫秒，批量1小时</td></tr>
<tr><td>建设用户分析系统</td><td rowspan="2">用户数、活跃数</td><td rowspan="2">200个、100个</td><td rowspan="2">稳定性
性能</td><td>3个9</td></tr>
<tr><td>建设标签系统</td><td>500毫秒</td></tr>
<tr><td>建设数据存储引擎</td><td rowspan="2">使用率</td><td rowspan="2">70%</td><td rowspan="2">稳定性</td><td rowspan="2">3个9</td></tr>
<tr><td>建设数据计算引擎</td></tr>
</table>

此处必须强调一下，数字目标是对齐上下左右认知的最有效的东西，务必要引起足够的重视。当然，你制定的数字目标必须符合逻辑，只有符合逻辑才能够推行下去。毕竟，推动并完成这些指标要依赖团队中的每个人，不能强压也不能瞎搞，为了数字而数字肯定会弄巧成拙。

数字目标分为以下两类：

（1）单个团队能够完全胜任的数字目标。比如并发数、响应时间等研发团队就可以全面负责，那我们按照专业通用标准制定就好了。

(2)单个团队不能够完全胜任,需要协同完成的数字指标。比如用户数、活跃数等就需要产品和研发团队一起负责,那我们就按照权重分别由两个团队共同承担,产品占比70%,技术占比30%。

请牢记:绝对数字指标及权重都会随着事情的推进和历史数据的积累,进行更新调整,不是一成不变的。

这里还要注意,上述技术资产的产出、技术目标的数字实现有一个特别明显的特点,就是时间周期比较长,动辄一年半载,这种时间周期,对于老板和业务方来说是非常慌乱的,对研发团队本身来说也是风险很大。

降低风险的方式就是把技术方案进行更细粒度的拆解,要让老板和业务方以季度、月度甚至周度看到数字进展,那就完美了。当然这是具体执行时的内容,会在下一节技术战术执行中进行详细讲述,此处先卖个关子。

现在,事情部分的技术战略已经很清晰了,团队部分的技术战略又该如何制定呢?它是由事情部分的技术战略推导而来的。

6.4.2 战略拆解实例:团队部分

这里,我们以上面事情部分的战略中最核心的部分——技术资产"智能推荐平台"为例,看看到底怎么"以事推人"。

我们用一个简单的推导逻辑:生产任何一个资产必有其生产环节;而每个生产环节上也必有其生产者,没有生产者就没人来干活;而每个生产者也必有其需要遵循的生产标准,无标准就不知道该怎么生产。

现在我们来逐个分析。生产智能推荐平台的生产环节,也就是需求分析、产品设计、开发、建模、测试。

而每个生产环节,都有其对应的生产者,分别是:运营团队、产品经理团队、开发团队、算法团队、测试团队。

然后具体到每个生产环节,又有其生产标准,每个生产者也必须遵循这些生产标准,不能够胡乱生产,这个生产标准包括输入物、输出物,以及衡量指标,就是说每个生产者拿到什么就可以干活了,干完活会产出什么东西,衡量产出的这个东西的指标是什么。

这样，我们现在就推导出生产“智能推荐平台”必备的全流程了，见表6-5。

表6-5　由事情推导团队的二维表

资产	生产环节	生产者	生产标准		
			输入物	输出物	衡量指标
智能推荐平台	需求分析	运营团队	市场和客户需求	市场需求文档	市场需求文档的质量 收入 预算
	产品设计	产品经理团队	市场需求文档	产品需求文档	收入 用户数 使用次数 交付质量和效率 产品需求文档的质量
	开发	开发团队	产品需求文档	概要和详细设计文档 代码 系统	概要和详细设计文档质量 稳定性 性能 研发效率和质量
	建模	算法团队	模型文档 数据需求文档	算法逻辑 数据源需求文档 标签需求文档	召回率 转化率
	测试	测试团队	产品需求文档 概要设计和详细设计文档	功能测试用例 功能测试报告	产品质量

现在我们聚焦生产环节对应的生产者，这就是你该搭建的团队的组织架构。

而根据生产标准，你就可以推导出每个角色该承担的职责和该具备的能力，从而形成岗位画像，这也就是团队部分的技术战略二维表。

我们现在以开发团队中的开发团队主管(team leader)的画像举例，根据输入物、输出物及衡量指标，可以得到开发团队主管的岗位职责是团队管理、技术架构、技术创新、交付产品等，开发团队该承担的指标是稳定性和性能等。

接着，根据开发团队主管的岗位职责，就可以推导出开发团队主管需要具备的能力是技术管理能力，技术架构能力，项目、沟通、协调等软性能力。

接着，要想具备优秀的研发团队管理能力，需要5年的团队和项目管理经验，没有5年的团队和项目管理实战经验，很难把管理做好，也很难有系统化的管理能力。

要想具备优秀的技术架构能力，需要4年的Java编码经验和4年的技术架构经验。4年编码经验能够把JVM、内存结构、垃圾回收、Java中的数据结构等做得非常熟练；4年技术架构经验能够把服务化、分布式、集群、主备等架构思路搞清楚，能够把DB、缓存、MQ、Spring、MyBatis等技术框架搞清楚，这样才能够架构出高可用、高并发、低延时的系统，这样，我们就得出了开发团队主管的岗位要求。

同理，其他岗位经验要求，你也可以这样推导出来，最终形成这样一张团队部分的技术战略二维表，见表6-6。

表6-6 技术战略二维表——团队部分示例

生产者	岗位画像		
	岗位职责	岗位能力	岗位经验
产品经理团队	1. 与业务团队协作，结合市场需求，结合数据体系，负责产品的规划和创新工作，并承担收入、客户数、客户活跃度等指标 2. 与平台产品和开发团队协作，负责业务产品类需求的落地工作和项目交付工作，如产品逻辑、数据逻辑、研发排期、项目管理等，并承担交付质量和效率等指标	1. 强业务意识，强闭环思维，强跨团队沟通协调能力，强产品规划能力 2. 强跨团队项目管理能力，强交付意识，中团队管理能力，强拿结果能力	1. 5年以上To B端相关行业（营销）产品工作经验，至少从0到1负责过一款To B端商业化产品，做过To B端产品负责人的优先 2. 2年以上跨产研算团队项目管理经验，从0到1搭建过推荐平台、标签平台、资产平台的优先

续上表

生产者	岗位画像		
	岗位职责	岗位能力	岗位经验
开发团队	1. 与业务产品团队协作,保时保质保量地交付产品,并承担交付效率和质量等指标 2. 带领业务开发团队,负责技术架构、技术选型以及技术实现,承担系统稳定性和性能等指标 3. 通过技术优化和创新,持续提升研发效率和质量;负责团队培养培训,并承担团队成长等指标	1. 强跨团队沟通协调能力,中项目管理能力,强复杂信息整合能力 2. 强 Java 技术能力,精通 JVM,熟悉分布式系统的设计和开发,精通 Spring、MySQL、Redis、Kafka 等,有高并发经验优先 3. 强团队管理能力,强逻辑思维能力,强规划能力,有前端团队管理经验优先	1. 8 年以上 Java 开发经验,5 年以上 Java 架构经验,3 年以上微服务架构经验,有高并发系统经验优先 2. 5 年以上研发团队管理经验. 3 年以上 10+人团队管理经验,有前端团队管理经验优先 3. 信息或计算机相关专业本科以上学历,硕士/博士优先
算法团队	1. 与数据团队协作,负责拆解数据需求 2. 带领算法团队,负责推荐策略的产出,并承担召回率、转化率等指标 3. 通过技术方向优化和创新,持续提升推荐策略的质量,负责团队培养培训,并承担团队成长等指标	1. 中跨团队沟通协调能力,中跨团队项目推进能力 2. 强数据分析能力,熟悉 Excel 和 SQL,熟悉 Python,熟悉 LR、XGBoost、GBDT 等算法 3. 中技术能力,精通 Hadoop、Hive、Spark 等,精通数仓设计和搭建	1. 2 年以上项目管理经验 2. 5 年以上数据分析、数据挖掘经验 3. 2 年以上数仓设计、搭建和维护经验,1 年以上 SDK 数据使用经验优先
测试团队	—	—	—

不过看到这,细心的同学可能会说:“你这完全通过事情来推导团队,似乎有缺失。比如,有一个人特别厉害,是科学家级别的,他就是可以做一些别人完全想不到的东西,也确实可以拿到别人完全拿不到的价值,这种人安排在什么岗位上呢?”

这是个好问题。实际上,你说的是因人设岗,因人设岗是针对天才选手的,会存在但是小概率事件。而我这里讲的是因事设岗,因事设岗是针对普通选手的,这是大概率事件。两者不冲突,如果你遇到了天才选手,那是幸福的烦恼啊,多多益善、多多设岗呗。

其实,还有一个更好的问题,你看看这个团队部分的技术战略二维表中,没有人员的个数,你知道为什么吗?

因为人员的个数不是越多越好,也不是越少越好,是合适最好,而合适与否,除了与战略目标(收入、用户数、稳定性性能、时间等)强相关之外,还与人效强相关,这是一个需要持续校准的东西,我在第 2 章中进行了详细的论述,你可以翻回去巩固巩固。

细心的同学会说:"很棒,你上述讲的技术战略拆解的方法、事例和技术战略二维表非常清晰了。那我还有最后一个小问题,这个方法是任何技术团队都适用么?还是达到一定规模的技术团队才需要用?"

这是个非常好的问题。坦白讲,技术战略和技术团队大小没什么关系,除非你的团队只有一个人,否则就需要技术战略。

原因也很简单,如果没有清晰的技术战略,那么整个团队就没有主线,多个技术人就会各自为政,就会按照对自己有利的目标去完成,自然就没有办法心往一处想、劲往一处使,就会出现内耗撕扯等现象,就会事倍功半。对于一个团队而言"上下同欲者胜",但凡有那么一些不同欲,这个团队就会离成事儿越来越远,而技术战略就是为了让技术团队同欲,锚定一个目标做事。

到此,锦囊四要告一段落了。锦囊四带你领略了逻辑思维应用到技术工作中的魅力,让你在进行技术工作汇报时体系明确、逻辑清晰、纵向可攻、横向可守,分分钟帮你打造逻辑达人的人设。谨记一点,逻辑思维是最适合程序员的思维,放开了用吧。

读完本节,你可以有理有据地告诉老板:什么是清晰的技术战略。

要点如下所述：

(1)技术战略包括事情和团队两大部分，事情包括技术和业务，团队包括画像和架构，这两部分关乎技术战略是否全面。

(2)要先把事情部分的技术战略梳理清楚，再通过事情部分去推导团队部分的技术战略，这个逻辑关乎技术战略是否合理。

(3)技术战略务必要有实际落地的部分，务必要有支撑业务的部分，务必要有数字描述的部分，这三个原则关乎技术战略是否可落地。

毫不夸张地说，清晰的技术战略是你与老板及业务方达成共识的不二法门，是你与研发团队统一目标的不二法门，是让研发团队得到公平公正评价和收益的不二法门。

只要按照上述要点一步一步进行下去，全面合理可落地的技术战略对于你来说就并非难事，而有了清晰的技术战略，你的研发团队干起活来也一定会更带劲。

那么，这般拉风的技术战略如何顺畅地执行下去呢？又如何在执行过程中与平级达成共识呢？答案就在锦囊五，到时我们再聊。

6.5　平级管理——利他思维应用到技术工作中

技术战术执行是技术工作中另外一个重要的部分，如果说技术战略是结果，那么技术战术执行就是通向结果的过程，过程正确结果才可能会被达成。数字化的技术战术执行就是达成技术战略目标的最优解，更是你与老板和业务方沟通的利器，当然，它也是你管理技术团队工作的利器，它能够让你知道技术工作的进展、风险、问题等，能够让你及早发现问题、解决问题，让技术团队保持在一个正确的路径上。通过数字让各方理解技术工作的情况，让各方心中有数，这就是最利他的沟通方式了。

半分钟小故事——如何与平级进行更好的沟通与协作

？

将来，你的老板会问你：“我公司的技术战略很清晰，这要感谢你的努力。我也很清楚我们的技术要达成的目标了，我还想知道我们的技术每周、每月的进展，以及遇到了什么样的问题，怎么去解决的，需要我支持什么，这样我才能对技术有掌控感，才会坐怀不乱，哦不，我才会稳如泰山。你帮我搞定好吗？”

哎，看来你的老板又提出更高要求了。不过他说得在理，你也确实需要帮助老板缓解焦虑，更重要的是帮助业务方理解技术工作。只有如此，才能让平级之间协作顺畅，你的技术工作才能够充分发挥价值，才能够让技术团队得到应用的评价和收益。

这样，我先来解读老板的问题：①老板已经认可了你的技术目标；②老板需要知道你怎么样达成你的目标，并且每周都希望看到进展，这样他才有掌控感和安全感，当然老板也能够在过程中给予你支持，让你更好、更顺利地完成工作。

说一千道一万，这其实就是你具体怎么管技术团队，这是“管”的范畴了。第 6 章第 4 节阐述了如何“理”，理分为理事和理人，那同样，“管”也分为管事和管人，“管”人在第 2 章已经进行了极为详细的阐述，如果你有些忘记了，可以翻回去再复习复习，此处不再赘述。如何“管事”也是一门学问，只理不管假把式嘛。说明白了，“管”就是把大的技术战略目标拆成一个一个小的阶段性目标，再根据阶段性目标，按照每周或每月的时间节奏来盯这些产出物。当然作为技术管理者，你除了盯排期、盯产出、盯人效之外，还要顶风险、顶问题，如图 6-16 所示。

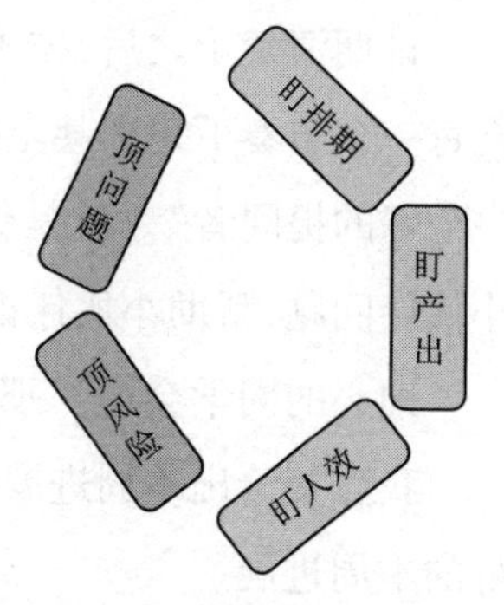

图 6-16　技术战术执行

细心的同学会说：“什么？这么多 dīng？到底该怎么做，请说清楚，好吗？”

你稍安勿躁,容我在下面一一道来。

6.5.1 盯排期、盯产出

盯排期、盯产出大体上就分为两部分:第一部分是节奏;第二部分是进展。节奏能够让技术团队的工作有条不紊地开展,进展能够让技术团队的工作通过一步一步的进展而拿到每个节奏的成果。

1. 节奏

节奏这部分的终极秘诀就是“拆解”,万事皆可拆解。从道理上讲,任何大的、长时间的目标都是可以拆解为多个小的、短时间的目标的。例如技术战略制定的目标是年度或半年度目标,那一定可以拆解为具体按照月度的小的目标,这也就是技术的排期。

好的技术排期公式是这样的:基于技术战略的半年度目标,预计会在未来6个月多个时间点做什么事情产出什么(数字),要尽量拆到一个月一个节奏或两周一个节奏。

你别看这个技术排期看似很简单,但它非常重要。但凡拆解不清楚的技术目标,那就说明这件技术工作你压根儿就没想清楚,就需要格外小心了,大概率会是投入资源但没啥产出,纯属浪费。

2. 进展

排期清楚了之后,技术工作的节奏就清楚了,这个时候就需要关注在每一个节奏下每周甚至每天的进展。进展这部分的终极秘诀就是“做一个好的提问者”。就是你作为技术管理者,在执行过程中一定要多问小伙伴问题,帮助小伙伴把事情梳理清楚、执行到位。

细心的同学会说:“那怎么提问啊,我最不擅长的就是提问。”

我直接给出本周进展的例子吧,然后通过提问的方式把它变成一个好的本周进展。

本周进展例子:数据资产平台初步开发中。

这个本周进展一眼看上去也很不舒适,是吧?问几个问题就会逐渐向好了。

请问：开发的内容是什么？目前进展是百分之多少？达到上一周的预期了么？是几个人开发了几天？

那此时小伙伴就会进行回答了，回答完这些问题之后，本周进展就变成了：数据资产平台 1 个 Java 用 2 天开发资产价值公式的功能，整个 1.0 版本进展 10%，与上周预估的 20% 有所延迟。

现在这个本周进展终于有点像样子了，但是还不够好。那再请问：本周延期的原因是什么？是需求有变更么？是资源不够么？是上游没有按时交付么？是评估工作量时太激进了么？是出现了什么未知风险么？

那此时小伙伴就会进行回答了，回答完这些问题之后，延期原因也就一目了然了：原因有两个，第一是资产价值公式的功能需求有变更；第二是 Java 后端出现了一个线上故障，紧急去解决故障占用了 2 天时间，之后需求上我们会尽量前置论述清楚，减少更改。Java 人力上，希望老板能够给予支持，多加 1 人。

好的本周进展公式是这样的：本周做了什么事情产出了什么（数字），整个事情的完成度是百分之多少，有什么问题，什么原因导致的问题，该怎么解决。

那你看看，经过这些问与答，本周的进展及这些卡点问题的原因也就很清楚了。老板看到这种管理过程，也会非常踏实，而你和你的技术团队也会通过每周扎实的进展，一步一步达到技术的目标。

细心的同学会说："咦，这些问题基本上算是'灵魂拷问'了，真的有必要么？"

我告诉你，这非常有必要！细节决定成败，不要错过任何一次进展，也不要放过任何一个问题，共勉吧。

6.5.2 盯人效

盯人效，这个事儿在第 2 章进行了很详细的阐述，如果你有些忘记了，可以翻回去再复习复习，此处不再赘述了。

6.5.3 顶问题、顶风险

你以为做到以上这些就完事了吗？很显然不是的。我再告诉你，技术管理者的最基本面就是推功揽过，遇到问题、风险，你都得自己扛起来，因为整个团队的很多双眼睛都看着你呢，你如果往后缩，那么你也就别期待自己的团队能硬起来。

那具体怎么顶问题、顶风险呢？这就很有学问了。顶问题、顶风险是为了解决问题，越快解决问题，风险就越小，甚至可以化问题为成绩。具体做法也相对清晰，就是技术管理者的"四懂得"，如图 6-17 所示。

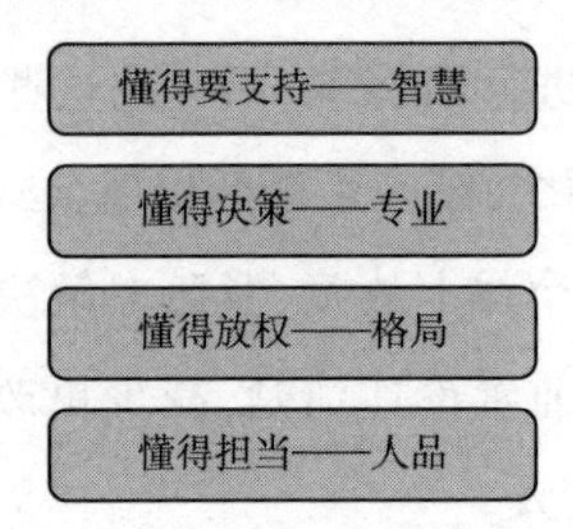

图 6-17 技术管理者"四懂得"

(1)要懂得担当，这是技术管理者最基本的人品了。问题也好、风险也好，第一责任人都是你(技术管理者)，这一点要明确。只有如此，你的团队才能够毫无保留、毫无顾忌地来为你排忧解难。

(2)要懂得放权，这是技术管理者该有的格局。"将能而君不御者胜"，一定要充分发挥团队成员的主动性，充分调动团队成员的积极性，让团队成员用自己的智慧去思考解决方案。

(3)要懂得作决策，这就是技术管理者必须具备的专业性了。你要在团队成员提供的方案中识别优劣、识别投入产出，要有在一团乱麻中抽丝剥茧的能力，最终找到一条最佳路径去解决问题。

(4)要懂得要支持，这就是技术管理者的智慧体现了。很多事情是可以通过更为高层次的思维方式去解决的，别只想着自己蛮干，还要有四两拨千斤的智慧。

说一千道一万，上述所讲的方法论还是要落到具体的执行工具上，技术执行二维表见表 6-7。

表 6-7 技术执行二维表

事项	季度目标（来自技术战略）	季度排期	本周进展（1 月 1 日~1 月 7 日）
智能推荐平台	完成智能推荐平台的研发，并上线试运行	1. 1 月 1 日~1 月底，完成智能推荐平台的产品设计、技术概要设计和详细设计 2. 2 月 1 日~2 月底，完成智能推荐平台 3 个系统、15 个模块的研发，包括 68 个后台接口、79 个前台页面 3. 3 月 1 日~3 月底，书写测试用例，完成智能推荐平台 35 个场景、12 个流程的测试，并上线试运行	物物匹配的推荐逻辑设计完成

下周规划	整体完成度	卡点问题	解决办法	负责人		参与人	
				姓名	工作量（人天）	姓名	工作量（人天）
人人匹配的推荐逻辑设计完成	7%	缺少一个产品助理，产品设计工作无法并行	发布正式产品经理招聘，并增加实习生招聘	小明	2	小红 小应	10

再次强调一下，技术执行二维表是基于上面阐述的内容总结出来的，也是我在技术管理工作中实操用的，非常简明扼要，我坚信所有简明扼要的东西才是可以被执行的东西。技术执行二维表包括事项、季度目标、季度排期、本周进展、下周规划、整体完成度、卡点问题、解决办法、负责人（姓名、工作量）、参与人（姓名、工作量）。

细心的同学可能会发现，这个技术执行二维表实际上是把事和人串起来了，强调以事管人，这样人和事之间就有了连接，什么人做什么事、负责什么、参与什么、承担什么指标就很清晰了。基于这个技术管理的过程数据，你就能够客观评估每件事情及每个人的情况，这就达到了技术工作过程管理有据可依、有据可查，而不是靠技术管理者的主观评价。

细心同学会问:“上面这些内容我已经理解了,按照这个方法去做我觉得自己的技术管理能力会有很大提升。不过,这个锦囊和利他思维有什么关系?”

这是一个非常好的问题,我这样来解释:技术都是高大上的语言,是情商没那么高的选手,是01思维的选手。通过技术执行过程中的数字来让老板和业务方理解技术工作是如何去管理的,怎样一步一步进展的,是不是很带劲?数字是冰冷的,也是最直观的,谁都可以看懂,这种通过数字来与老板和业务方进行高效沟通的思维方式,就是传说中的利他思维了。

技术战略中的数字是告诉老板和业务方大家一起承担什么指标,技术战术执行中的数字是告诉老板和业务方技术工作进展到什么程度、离目标距离有多远,这样老板、业务方以及技术团队都做到心中有数,这就是最好的利他思维。

到此,锦囊五要告一段落了。锦囊五带你领略了利他思维应用到技术战术执行中的魅力,让你在进行技术战术执行时节奏明确、产出清晰、协作顺畅,分分钟帮你打造情商达人的人设。谨记一点,利他思维是最适合跨部门协作的存在,好好用吧。

读完本节,你可以有理有据地告诉老板:清晰的技术战术是什么。要点如下:

(1)要有季度排期,每个月每两周要做的事儿,要拿到什么结果,都要有安排,这样才能够对接下来几个月的节奏有谱。

(2)要有每周进展,每周做了什么事儿,完成的百分比是多少也要有安排,这样才能够对每周的进展有谱。

(3)每周延期事项要分析讨论原因是啥,问题是啥,怎么解决,谁来解决,什么时间解决,这样才能够对每周的问题有谱。

(4)要有下周计划,下周要做什么事儿,预计会拿到什么结果,这些都要计划好,这样才能够对下周要发生的事儿有谱。

(5)要有每件事情的负责人、参与人,以及每人投入的工作量统计,这样才能够对每件事情的情况、每人的工作有谱。没人负责的事情不会有进展,也就不会有结果。

毫不夸张地说,清晰的技术战术执行是你达成技术战略目标的最优路径,数字化的技术战术执行更是你与老板和业务方沟通的利器,当然也是你管理技术团队的利器,它能够让你知道技术工作的进展、风险、问题等,能够让你及早发现问题、解决问题,让团队管理保持在一个正确的路径上。

只要按照上述要点一步一步进行下去,那么全面、合理、可落地的技术战术执行对于你来说就是梦想照进现实了,你的技术团队一定会在这样拉风的技术战术执行过程中拿到一个一个好的结果和成绩,加油吧!

本章小结

到此,本章也要告一段落了。本章介绍了如何将数据思维、复盘思维、兵法思维、逻辑思维和利他四维这5种思维用到技术管理中,让你真正把数字化技术管理落地到日常工作中。逻辑思维是技术人员最擅长的思维方式,其他4种思维方式是技术人员不具备,但又在管理层面起到至关重要的作用。那本章就把这5种思维方式融会贯通,并与技术管理进行打通和匹配,通过示例让你搞清楚在技术管理工作中什么情况下该怎么样思考、该怎么样行动,让你把技术管理工作做到位,让你成为思想上的巨人,行动上的小巨人。

后记

好,《数据领导力:IT团队技术管理数据分析与业务实战》就到这里了,非常不舍,但也必须结束了。

这是一本包含我20年经验和心路历程的书,可以说是字字心得、句句知识,一定要好好读哦。你认真读完这本书之后,会了解技术管理的5个犀利的概念,会掌握团队、技术和技术支持业务的10个帅气的数据指标,会熟悉技术工作价值的3个带劲的模型,并能够将5种爆炸的思维配合到技术管理中,从而让它们在实际工作中落地应用,产生价值。

相信我,假以时日这本书定然会助你起飞的,至于你是不是对我心怀感激就不是很重要了,重要的是请记住我,"苟富贵勿相忘"。

还有,我会把写作当成一辈子的事业来做,希望能够为这个世界留下些有用的东西,共勉。

好了,我太累了,也该歇歇了,不可能所有事一天做完。失陪了朋友们,珍重!

你最帅气的朋友:冠军

致谢

致谢是一门技术活儿。

一个“简单又妙趣横生、全面又实事求是、谦虚又神秘莫测”的致谢应该是什么样？一个“不说感谢，却又处处在感谢；不谈情义，却又处处有情义”的致谢又应该是什么样？我发现，我想了又想也还是想不明白。那干脆我就不想了，跟着感觉走吧，这也是最适合我的“松弛感”，毕竟我的书也是跟着感觉写出来的。

这样，我来一篇最适合我的致谢，就讲几个关于我的小故事(小挫折)吧。通过这几个小故事，让读者能够了解到我的写作历程，最好读者也能够开始写作，那就真齐活了。悄悄告诉你，讲成绩我可能没啥，但是讲挫折我能讲一箩筐，三天三夜不带重样的，下面就开始吧，小故事搞起来。

一、我的学习

时间来到 1989 年，我是在河北秦皇岛一个小乡村里读的小学，当然老师也都是一些很淳朴、很朴实的人。记忆很深刻的一件事儿就是，我开始对数学、语文都不屑一顾，仰仗着自己的小聪明，都是靠所谓的心算心记，然后直接给出答案。老师看到我这个欠抽的样子，就和我说“好记性不如烂笔头，无论多么聪明的人，记忆力也是有限的，而写在本子上的东西，你却可以永久保存，还可以反复看”。我当时就觉得这个观点有点意思，于是乎，我就开始记录一些流水账似的东西，没想到记着记着就记到了现在。我现在不管干啥都喜欢在记事本上先写一写，记了很多杂七杂八的东西,甚至有些都已经自成体系了。

这就是我写作的开始,就是记录点滴的事情,让自己别那么快忘记。你还真别小看这个习惯,这恰恰是写作最朴素的形态,特别管用。

时间来到1996年,我还是在河北秦皇岛一个小乡村里读的初中,当然老师也都是一些很淳朴、很朴实的人。记忆很深刻也一直勉励我的一件事儿就是,语文老师和我说:“你的作文为啥写的那么烂,言之无物且没有中心思想,前言不搭后语且胡乱堆砌词藻,肯定是拿不了高分的。”我当时就特别崩溃,“我,冠军,居然说我作文写得烂,这不是搞笑么?”于是乎,我就发奋图强,一定要写出好作文给老师看看,让老师来一个大跌眼镜。那我发奋图强的方式也很简单粗暴,就是背诗词、背课文、背名著啥的,总之就是一顿背。没想到背着背着就背到了现在,好像也终于背出了那么一丢丢融会贯通的感觉。以至现在有了灵感之后,我写作有那种水银泻地的感觉,能分分钟成文。

这就是我真正写作的开始,就是写点儿有文采、有文化的东西,为了作文,让自己考试能够拿高分。这个就是写作最原始的动力,特别有用。

我的体会就是,你开始为自己而写,那你就成功了一半儿。但是,除了简单的记录之外,你还可以加一些有文化的描述,这就有点东西了。

二、我的工作

时间来到2010年,我写了几年代码之后,就开始输出自己的代码。我当时主要是在论坛进行文章的分享,比如农大BBS、水木BBS等。这一写就是好几年,平台渠道由论坛到博客,在这个过程中,我发现自己写的技术文章基本上没人看,都是在“自嗨”。

于是乎,我开始反思,为啥我写的东西没人看呢?我可是实打实地在写自己工作中的经验和体会啊,大家这么不识货么?我去参考了一下别人的文章,就发现原来有个写作方法叫作“铺垫”。我写的东西就太干货了,恨不得直接把代码复制粘贴过来,连一个基本的描述都没有,谁愿意看这玩意儿?谁又能看得懂这玩意儿?于是乎,我就学着写一些铺垫性的东西,放在公众号“冠军说技术”上,慢慢就有人找我探讨、有人找我请教、有人找我讲课、有人找我直播了。我有时觉得自己好像是有了那么一丢丢的小名气,也许是积累的力量吧,谁知道呢。

时间来到 2017 年,我在技术、数据和管理上走了一些弯路、犯了一些错误、学了一些知识、试了一些方法,终于顿悟出一套基于数据的技术管理理论和方法。而我又不能独享这个好东西,于是乎,在无数个夜晚,我运用自己简单粗暴的文笔一顿写。

时间来到 2020 年,我这一写就是 3 年,终于被中国铁道出版社有限公司的陈编辑看到了,邀请我来写一本数字化管理的书,那我就在 2020 年底把这本《数据赋能:IT 团队技术管理实战》出版了。然后到 2022 年底,王编辑又让我再出一本,那就继续咯。

我的体会就是,你开始为别人而写,那你就成功了九成。但是,为别人而写就得让别人能够读懂你的文章,如果别人都读不懂,那就是白费工夫,这点很重要。

三、我的生活

时间来到 2007 年,硕士毕业后的我当了一名软件开发工程师。当时倍儿自信,觉得自己学了 6 年的数字化,终于出师了。一天天的毛遂自荐解难题,当仁不让治杂症,那叫一个豪情万丈,然而分分钟被现实抽了无数个大嘴巴子。

我的朴素数字化只是数字化的一小步而已,可称之为小儿科级的数字化。我能干的活只是把简单结构化数据存储到关系型数据库中,想把这些数据应用到实际业务中,不行;复杂(大)数据(地理数据,图片数据)怎么数字化,不能;大数据又怎么存储、怎么计算,不会;怎么分析、怎么挖掘出数据的价值,不懂。

这些个“不行,不能,不会,不懂”接踵而至,我那叫一个上火,身体立马就跟着垮了,发烧了两周。我一看,这不只是心力不行,体力也不行啊。于是乎,我就开始跑步,这一跑就是 17 年,一不留神成了把跑步融入血液的男人。不过跑到现在也算是小有所成了,13% 体脂率,人送外号“上海数字产业发展有限公司——数产跑哥”。

我的体会就是，跑步可以让你每天进步一点点，写作也如此。两者一动一静搅和在一起，又有点儿互相促进的意思，很带劲。

这样，你开始把为别人而写的东西与为自己而写的东西融为一体，并连点成线、串线成面，那你就可以成书了。总之一句话“写就完了”，我也一直在努力中，共勉吧。

不知道这算不算一个致谢，这只是一些关于我的小故事，还有很多故事，但限于篇幅就先写这么多了。那作为一个有故事的人，我还是要俗一把，要说感谢了。感谢我挫过的折、遇过的人、跑过的步、走过的路、读过的书、写过的作，谢谢！

杨冠军